网络云百问百答

谢洪涛　蔡旭辉　主　编
董晓荔　杨光达　副主编

电子工业出版社
Publishing House of Electronics Industry
北京·BEIJING

内 容 简 介

《网络云百问百答》是由中国移动 53 位网络云运维专家历时一年编写完成的专业书籍，包括 IT 运维、ICT 运营、DT 技术三个篇章，通过问答的方式简要描述、清晰解读云平台专业计算、存储、网络、安全等技术栈相关 200 余个网络云重要知识点，结合网络云规划、建设、维护、优化等实践经验将网络云架构、数据、运维、智能、创新等内容融汇贯通、一一呈现，为 5G 云网技术研究人员及相关从业者提供了网络云关键技术和协同管理方面的参考范例，对云领域技术管理有一定的参考价值。

图书在版编目（CIP）数据

网络云百问百答/谢洪涛，蔡旭辉主编. —北京：电子工业出版社，2022.10
ISBN 978-7-121-44295-7

Ⅰ. ①网… Ⅱ. ①谢… ②蔡… Ⅲ. ①云计算—问题解答 Ⅳ. ①TP393.027-44

中国版本图书馆 CIP 数据核字（2022）第 170339 号

责任编辑：李　敏
印　　刷：北京天宇星印刷厂
装　　订：北京天宇星印刷厂
出版发行：电子工业出版社
　　　　　北京市海淀区万寿路 173 信箱　邮编：100036
开　　本：700×1 000　1/16　印张：15　字数：268 千字
版　　次：2022 年 10 月第 1 版
印　　次：2022 年 10 月第 1 次印刷
定　　价：88.00 元

编　写　组

主　编：谢洪涛　蔡旭辉

副主编：董晓荔　杨光达

编　委：陈　曦　刘鹏飞　李子民　谢　丹　任彦辉
　　　　王树丛　王　涛　付家乐　刘博洋　杜　勇
　　　　谈龙兵　杭　星　高大伟　晏　睿　周　远
　　　　杨　杰　顾　明　高聪慧　冯　伟　陈佳利
　　　　刘春晖　李　宇　吴彦梅　洪　晶　李　波
　　　　李　奕　熊　琦　杨世琦　王明哲　介晓婧
　　　　李　黎　令奥佳　翟　勇　尹金辉　许英越
　　　　佟得天　贾国祖　白荣吉　李　东　刘　强
　　　　毕晨时　张　健　张晓琳　何梦靖　李剑春
　　　　陈星宇　郑亚如　王　彤　张　冶

推 PREFACE 荐序

　　随着新一轮科技革命和产业革命的浪潮席卷而来，特别是5G、云计算、大数据、人工智能等新一代信息技术的应用，人类进入数字经济时代。近年来，数字经济发展速度之快、辐射范围之广、影响程度之深前所未有，正在成为重组全球要素资源、重塑全球经济结构、改变全球竞争格局的关键力量。数字经济发展以信息通信技术融合应用、全要素数字化转型为重要推动力，以5G为排头兵的新型信息基础设施为基石。5G采用开放式的云化架构设计，与1G到4G的封闭网络架构有根本性变化，具备更加开放的能力，运营商与各行业连接的紧密性达到前所未有的程度。通信技术交叉赋能全社会生产领域，不仅推动各行各业向着数字化、智能化的方向转型升级，而且推动社会治理和城市管理等更加智慧和高效，从而改变人类社会。

　　社会发展现实需求的驱动，对新型信息基础设施的建设部署及新一代通信技术的应用创新都提出了更高的要求。作为通信人，我们深感重任在肩。同时，我们也看到在移动通信运营商、通信设备制造商及信息通信领域科研单位的共同努力下，通信网络技术与云计算等技术深度融合，加速推进5G云网产业生态逐步发展完善，5G正在一步步成为这个时代的名片。中国移动作为全球最大的移动通信运营商，顺应5G网络云化发展趋势，主动引领传统网络向虚拟化和云化延伸发展，携手多家运营商和开源组织基于NFV（网络功能虚拟化）架构研究制定云计算在通信领域的行业标准，以NFV / SDN（软件定义网络）技术为基础全面建设网络云资源池及5G云化核心网。2020年5月，北京邮电大学与中国移动共建"北京邮电大学—中国移动研究院联合创新中心"，主要围绕5G+现网关键核心技术进行联合攻关，面向下一代移动通信6G前沿技术开展原创性、先导性的基础理论研究。在近期工作交流中我们欣闻，中国移动现已建设和运营了全球技术先进、规模最大的网络云，正在实现5G核心网络全面云化。

专注技术沉淀、打磨技术产品、反哺技术创新，是保持企业核心竞争力的重要源泉。以中国移动为代表的通信运营商，保持技术定力与技术自信，从网络云规划、建设、维护、运营、优化、管理等多层面统筹布局，有序实现基础理论与创新应用的高效衔接，赋能移动通信技术和产业可持续发展。中国移动在网络云及其承载的 5G 云化核心网建设及商用方面取得的成绩有目共睹，这对广大移动用户来说是实实在在的好消息，但是维护 5G 网络的运维人员无疑将面临极大的挑战。因为 5G 网络从设计之初就考虑满足包括最终消费者、垂直行业等尽可能多样的客户群和应用场景，并将 NFV／SDN 等新技术全面引入网络架构的各个层面，在提供大容量和更高的可靠性、稳定性、灵活性的网络和业务的同时，还要应对业务场景复杂性和网络效能发挥等方面的长期考验。网络云作为 5G 乃至下一代移动通信技术的基座，其运营维护工作任重而道远。

实现技术融汇贯通、开放共享创新成果，是通信人的社会责任所在。我很高兴看到这本由中国移动网络云领域技术专家编写的《网络云百问百答》（以下简称"本书"）问世。这是一部源于生产一线的作品，是团队智慧的凝聚，是实践经验的提炼，也是面对新技术挑战交出的一份答卷。本书以技术为内核，以问题为导向，从技术价值、技术本质、技术运营等维度富有层次地介绍了网络云关键技术和应用实例，并通过简要问答的方式将网络云相关 DICT 技术栈及架构、运维、创新等内容融汇贯通并一一呈现，深入浅出地介绍了网络云运维实践中若干个问题的解决经验，值得品读。5G 云网技术的发展是一个逐步完善、渐进成熟的过程，相信本书能让读者感受到编委专家对 5G 云网技术的孜孜追求，希望本书能吸引更多的同行者，携手推进网络云技术和 5G 应用的持续发展，为我国新型信息基础设施建设和社会数智化转型贡献一份力量。

中国工程院院士

2022 年 8 月

前言 FOREWORD

    5G 作为新一代移动通信技术,已成为推动新一轮科技革命和产业变革的关键驱动力,而云平台基础设施则是 5G 网络的基石。中国移动作为 5G 网络技术的引领者,在云计算业务及云平台基础设施方面进行了全面布局,公司对外部客户提供的云服务包括私有云、公有云、混合云,内部运营和使用的云包括 IT 云、平台云、网络云。其中,网络云是承载面向客户提供通信服务的电信网络的云,特指承载与人网和物网基础业务相关的 NFV/5GC 核心网网元、用户数据、基础业务平台、增值业务平台、网管支撑系统的云平台基础设施,是 5G 新基建的重要组成部分。

    2019 年,中国移动在河北、黑龙江、浙江、江苏、广东、河南、四川、陕西 8 个大区省同步开启网络云资源池建设,在计划、建设、网络、数据中心等技术条线专家紧密协作下,在设计院、研究院、软硬件集成厂家、设备厂家等规划集成专家鼎力支持下,按时、保质完成网络云资源池硬件集成及验收、云平台软件集成及验收、打通 First Call、首节点业务上云等各项极具挑战性的工作,并以打造先进、稳定的云化网络为目标,分期推进网络云资源池商用进程。2022 年,中国移动已经建成全球规模最大、技术领先的网络云,网络云节点省份拓展至"8 个大区 14 个节点省份 +2 个节点省份自管",在原有 8 个大区省基础上,新增山东、辽宁、内蒙古、湖南、重庆、甘肃 6 个大区节点省份,以及北京、新疆 2 个独立节点省份,网络云设备总量超过 16 万台。随着网络云承载的业务网元规模不断发展,预计到 2025 年网络云设备总量将超过 20 万台,全部传统业务网元功能云化比例将达到 100%,承载业务用户数量将达到 10 亿户。

随着网络云资源池内设备数量的急速增长、亿万用户业务割接上云，复杂多样的资源池组网架构、分层解耦的软硬件异构设备、电信级别的网络云保障要求，均对网络云资源池设备维护及上层业务支撑带来极大挑战。中国移动结合拓展"三化"、提升"三力"战略要求，统一顶层设计与网络云运维实际，从组织架构、团队建设、维护规范、支撑手段、质量管控、安全保障等方面多措并举，构建了跨地域、跨组织机构、跨网络层级的网络云一体化协同运维体系，并在网络云资源池软硬件设备维护等生产实践中培养了一支网络云运维专家团队"驰云专家作战团"。

"驰云专家作战团"采用标签化管理模式进行成员管理，每位成员按技术能力可匹配计算、存储、网络、安全等 30 余个 DICT 技术栈标签，如图 1 所示。"驰云专家作战团"采用项目制管理模式深度参与网络云运维工作，按实际工作需要设置故障响应、质量优化、保障支撑、容灾自愈、攻防演练、混沌测试等专家项目组，协同推进标准化运维流程落地，解决现网共性问题，赋能提升全网维护水平，并定期组织"专家大讲堂"活动介绍项目阶段性成果、研讨网络云技术细节、共享现网最佳实践和质量管理提升等运维实践经验。"驰云专家作战团"各技术栈专家在参与专家项目组工作过程中，通过网络云运维及技术攻关实战锻炼实现了快速成长。由于网络云仍处于发展阶段，许多公司内同事、行业内同仁希望更加深入、全面地了解网络云专业技术和资源池运维知识，因此，我们组织"驰云专家作战团"按照技术栈标签系统梳理取得的项目成果和积累的运维经验，将 214 个网络云重要知识点以问答形式汇编形成《网络云百问百答》（以下简称"本书"）。

本书是由中国移动网络云专业 53 位运维专家历时一年编写完成的专业书籍，通过简明扼要的描述语言，清晰地解读网络云专业复杂的技术知识，以及中国移动网络云规划、建设、维护、优化相关实践经验，为云技术管理提供一定的参考。希望通过本书，读者可以快速掌握网络云专业相关技术和资源池运维要点，与我们一起推动包括网络云在内的云平台新型信息基础设施及相关云网技术持续发展。

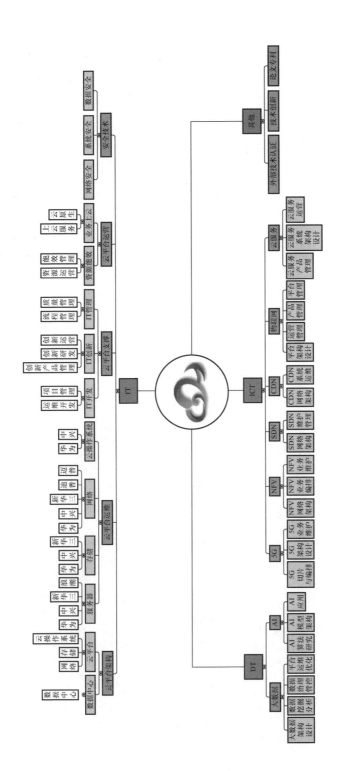

图 1　"驰云专家作战团"技术栈标签

本书第一篇"IT 运维篇"由谢洪涛同志编著,第二篇"ICT 运营篇"和第三篇"DT 技术篇"由蔡旭辉同志编著。感谢河北、黑龙江、浙江、江苏、广东、河南、四川、陕西等省份公司及设计院等单位专家积极参与本书编审工作,各位编审专家始终秉承求真务实、精益求精的工匠精神,充分发扬协作共进、无私奉献的团队精神,为本书按时保质完成提供了关键支撑!另外,向支持本书编写的相关单位、部门、厂家等专家人员致以诚挚的谢意!

由于编著者水平有限,书中难免存在缺点或疏漏,恳请各位读者批评指正。

编著者

2022 年 6 月

目 录 CONTENTS

第二篇 ICT 运营篇

第三篇 DT 技术篇

网络云百问

第一篇

IT 运维篇

第 1 章 云平台架构

1.1 数据中心

Q1. 网络云资源池机房基础设施及配套要求是什么？

一、机房基础设施及配套要求

（一）集中网络云机房总体要求

（1）"面向未来、长远规划"，按照满足 5～10 年业务发展需求，先行规划建设集中网络云所在数据中心机房基础设施[1]。

（2）集中网络云所在数据中心机房应满足《中国移动数据中心机电工程建设指导意见》最新版中关于 A 级数据中心的相关规定。

（3）集中网络云所在数据中心机房所在机楼原则上应具备三条出局光缆，满足接入省份至本节点省份主用节点、备用节点路由需求。

（二）机房工艺要求

（1）尾纤槽道下线孔与机柜下线孔位置匹配，方便布线，减少路由迂回。

（2）为充分利用机架空间、提升装机率，服务器机柜（包括计算型、存储型）应采用密集部署方式装机。

（三）机房消防要求

在进行机房规划时，应该遵守国家关于消防安全的规定，不得设置对消防喷头有任何阻挡的设施，依据现行的《气体灭火系统设计规范》（GB 50370—2015）、《建筑设计防火规范（2018 年修订版）》（GB 50016—2014）、《火灾自动报警系统设计规范》（GB 50116—2013）、《消防给水及消火栓系统技术规范》（GB 50974—

2014)、《自动喷水灭火系统设计规范》（GB 50084—2017）和《建筑灭火器配置设计规范》（GB 50140—2005）等的相关规定进行设计。

（四）机房环境监控要求

监控系统要对机房环境、安防等方面进行实时监控，并记录和处理相关数据，保障各类通信设备的安全运行。

二、机架、走线架及尾纤槽道要求

（一）机架要求

每个网络云节点省份内同一机房的机架为同一种样式：颜色深色系，统一要求新增机柜不设柜门。机架尺寸建议为600mm（宽）×1200mm（深）×2200mm（高）。

（二）走线架及尾纤槽道要求

机房线缆在布放时应采用走线架及尾纤槽道方式。

1. 走线架要求

（1）机房线缆在布放时应采用走线架，走线架应选择开放式走线架，并应设置至少两层走线架；交流电缆、直流电缆、信号电缆严禁交叉混走，各走线架用途应有清晰标识。

（2）列走线架不应安装在热通道上方，应尽量安装在机架上方，以避免阻碍回风效果。

（3）水平安装的走线架距机架顶部不应小于0.1m。

（4）走线架多层敷设时，其层间距离应符合下列规定：电力电缆走线架间距离不宜小于 0.3m；通信电缆与电力电缆走线架间距离不宜小于 0.3m；通信电缆走线架间距离不宜小于 0.2m；走线架上部与顶棚、楼板或梁等障碍物间距离不宜小于0.3m。

（5）走线架敷设应满足机房内信号线缆双路由要求。

2. 尾纤槽道要求

（1）考虑网络云设备信号线缆以尾纤为主，并且尾纤数量较多，尾纤槽道宽度要求原则上不低于240mm。

（2）列尾纤槽道敷设位置应保证其下线口与机架下线口对准。

（3）主尾纤槽道建议敷设在列尾纤槽道两端位置。

（4）尾纤槽道敷设应满足机房内信号线缆双路由要求。

3. 机架排列要求

（1）在进行机房平面规划时，机架布置采用"面对面、背对背"的排列方式，相邻两列设备的吸风面（正面）安装在冷通道上，排风面（背面）安装在热通道上，实现冷热气流分隔，形成良好的气流组织，提高空调的制冷效率[2]。

（2）机架内未安装设备的 U 位，应安装挡风盲板，实现冷热气流分隔，形成良好的气流组织。

（3）工艺设备列间距要考虑工艺设备维护空间，还应根据机架装机功率密度的大小合理选择列间距。

（4）机架列间距根据设备发热量、送风方式、设备运输及维护要求等因素确定，标准机架正面维护净间距不小于 1200mm，背面维护净间距不小于 800mm。

4. 机架加固要求

机架应根据《电信设备安装抗震设计规范》（YD 5059—2005）进行加固处理。

注：后续如发布更新的业务、网络系统对应机房级别划分相关规范，应按照最新规范要求执行。

Q2. 网络云资源池供电系统如何管理？

一、电源设计要求

（一）机房电源要求

（1）电源配套建设标准应满足《中国移动数据中心机电工程建设指导意见》A 级机房要求。

（2）网络云机房应采用双路高压直流、双路 UPS（Uninterruptible Power Supply，不间断电源）保障两种供电方式。UPS、高压直流采用 2N 系统。

（3）网络云设备应采用专用通信电源系统（高压直流电源系统+蓄电池组/UPS+蓄电池组）为网络云设备供电；蓄电池组按后备时间 15 分钟高功率型电池配置。

（4）应由相互独立的电源系统（高压直流电源系统+蓄电池组/UPS+蓄电池组）为 A、B 硬件分区设备分别供电。

（二）机架电源要求

（1）对于机柜 PDU（Power Distribution Unit，电源分配单元），应按机房规划选择合适的规格。

（2）所有插座应为防脱插座，有效杜绝电源线松动。

（3）高压直流插座分路应配置相应的高压直流断路器，对于机架配电母线场景使用的 PDU 应配置总开关。

（4）单机架要求至少支持 7kW 的设备运行功耗，推荐采用机架配电母线替代传统列头柜配电，提高配电柔性，解决个别高功耗设备的配电需求。

二、电源建设现状

网络云电力电池室配 UPS、低压配电柜、高压直流电源及蓄电池组。数据中心机楼进场电源为两路 10kV 市电，经一次高压、二次高压及机楼变压器等设备变为低压市电，送至各网络云机房配套电力电池室低压配电设备。

Q3. 网络云资源池常用供电方式的区别是什么？

网络云资源池常用供电方式主要有 220V 交流电和 336V 直流电两种，其区别如下。

1. 220V 交流电

在三相四线制中，相线与零线之间的电压称为相电压，其标称有效值为220V，是目前交流设备常用的供电方式，在数据中心、通信机房中通常由 UPS 为用电设备供电。

2. 336V 直流电

直接为用电设备提供 336V 直流电的供电方式，与 UPS 相比，结构简单，效率、可靠性更高，336V 高压直流电目前主要应用于数据中心。

Q4. 网络云资源池电源 2N 系统、3N 系统的区别是什么？

一、2N 系统

2N 系统又称双总线供电系统，由两套完全独立运行的 UPS 系统、LBS（Load

Bus Synchronization，负载同步系统）、STS（Static Transfer Switch，静态转换开关）、输入及输出屏构成，当一套 UPS 系统出现问题时，另一套 UPS 系统可承担供电工作[3]。

二、3N 系统

3N 系统也称为三母线系统、三角形供电系统，即每三套 UPS 系统组成两两双总线分布冗余系统，三套 UPS 系统互为主备用，有三条母线同时对外输出电力[3]。当一套 UPS 系统异常时，另两套 UPS 系统可承担供电工作。

三、2N 系统和 3N 系统的主要区别

（1）正常运行时的最大负载率要求。在 2N 系统中，每套 UPS 系统的负载率不应超过额定容量的 45%；在 3N 系统中，每套 UPS 系统的负载率不应超过额定容量的 60%。

（2）故障时的最大负载率要求。在 2N 系统中，当其中一套 UPS 系统退出时，另一套 UPS 系统的最大负载率不应超过额定容量的 90%；在 3N 系统中，当其中一套 UPS 系统退出时，另两套 UPS 系统的最大负载率不应超过额定容量的 90%。

（3）3N 系统供电方式满足双总线供电系统的基本要求，面对相同的供电容量需求，3N 系统的供电方式需要的供电设备更少，相应地缩减了配电设备对机房空间的占用，有效地提升了通信设备的可安装面积[3]。

（4）相较 2N 系统，3N 系统在应用中容易出现负载三相不平衡、系统 UPS 单机负载不平衡等现象，需要合理分配负载，否则会导致中性线零点漂移，严重时甚至会烧毁负载设备[3]。

Q5. 网络云资源池制冷系统如何管理？

一、机房制冷系统设计要求

（一）机房空调要求

网络云新启用机房空调方式应为新型空调末端，制冷能力应满足设备功耗。

（二）机房散热要求

根据网络云资源池设备功耗统计，单机架最大运行功耗为 7kW，基本上可

以满足所有硬件设备的散热要求。

对于列间空调方式：两列机架组成的一个封闭热通道（或封闭冷通道）是一套空调系统，一套系统承担机架总发热量不超过设计值即可，系统内个别机架发热量可不受限。

二、机房制冷系统建设现状

网络云机房冷站制冷系统采用数据中心集中供冷模式（见图 Q5-1），以河北节点省为例，保定数据中心集中供冷模式主要采用 10kV 高压离心冷水机组+板式换热器（简称板换）+冷却塔系统的形式。数据中心两栋机房楼分别设置一个冷站，每个冷站有三套制冷系统，两栋机房楼共六套制冷系统，通过地下母联管路形成"5+1"配置。每栋机房楼配置一个 $600m^3$ 的蓄冷罐。

每个冷站内三套制冷系统的冷冻水侧并入一个环网，冷机/板换与冷冻泵可交叉对应；三套制冷系统的冷却水侧分别为独立运行的系统，冷机/板换与冷却循环泵、管路、冷却塔一一对应（仅楼顶冷却塔之间可以互连）。

1．冷冻水供水路由

从冷机/板换降温后的冷冻水通过分水器、双路环管，送至各楼层末端。

2．冷冻水回水路由

从各楼层末端通过双路环管、集水器、冷冻泵，回到冷机/板换进行降温。

3．冷却水供水路由

从冷却塔蒸发散热后，温度相对较低的冷却水通过供水管路、冷却循环泵，回到冷机/板换进行热交换。

4．冷却水回水路由

从冷机/板换完成热交换的温度相对较高的冷却水通过回水管路、冷却塔进行蒸发散热。

制冷系统主要包括冷机、板式换热器、冷冻水循环系统、冷却水循环系统、冷却塔、蓄冷罐、末端空调等设施。

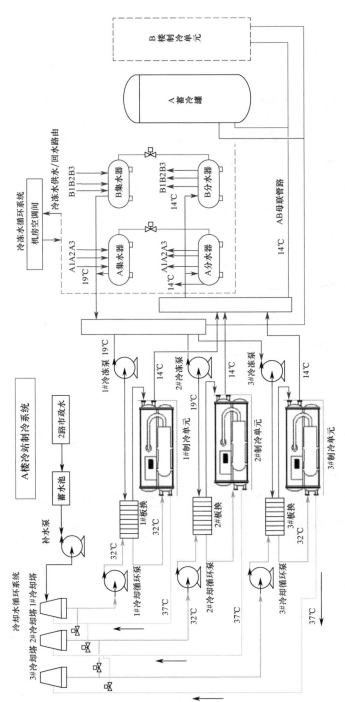

图 Q5-1　网络云机房冷站制冷系统

（一）冷机

每个冷站配置三台高压离心冷机，两栋机房楼共六台高压离心冷机，通过地下母联管路形成"5+1"配置。按照设计，数据中心满载时，A 楼运行三台冷机，B 楼运行两台冷机。冷机供冷模式主要应用于非自然冷却时间。

（二）板式换热器

每栋机房楼三台板式换热器，两栋机房楼共六台板式换热器，通过地下母联管路形成"5+1"配置。按照设计，数据中心在满载时，A 楼运行三台板式换热器，B 楼运行两台板式换热器。板式换热器供冷模式主要应用于自然冷却时间。

（三）冷冻水循环系统

冷冻水管路在冷站内形成环路，每个冷站采用分水器、集水器以双管环路系统给机房楼二层至五层供应冷源（一楼为单路冷源）。但是，在管路爆管、冷冻水大量失水等故障情况下，故障点隔离、系统排气、补水等应急处置措施历时较长。

1．分水器

每个冷站配置两台分水器，以负荷分担方式运行。

2．集水器

每个冷站配置两台集水器，以负荷分担方式运行。

3．冷冻泵

每个冷站配置三台冷冻泵，以负荷分担方式运行。

4．定压补水装置

每个冷站配置一大（5m³/h）、一小（2m³/h）两套定压补水装置，以主备用工作方式运行。

（四）冷却水循环系统

每个冷站配置独立的三套冷却水循环系统，分别与三台冷水机组、三台板式换热器、三组冷却塔一一对应。

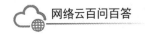

1. 冷却循环泵

每栋数据楼配置三台冷却循环泵，独立运行，分别与三套冷却水循环系统一一对应。

2. 冷却塔补水蓄水池

园区配置两个冷却塔补水蓄水池，以负荷分担方式运行，共1584m³，可在供水中断的情况下满足12小时用水需求。

（五）冷却塔

每栋数据楼配置三组制冷用冷却塔，其中，两组冷却塔每组有五个冷却塔，以负荷分担方式运行，一组冷却塔有三个冷却塔，同样以负荷分担方式运行。负荷冷却塔组之间也以负荷分担方式运行。

（六）蓄冷罐

每栋机房楼配置一个600m³的蓄冷罐，可在紧急情况下提供15分钟冷源供应。

（七）末端空调

网络云业务机房末端空调为热管背板空调，每个机房配置244台，共1220台。按照系统设计，每个机房的制冷冗余量为35%。

电力电池室空调为上送风冷冻水型精密空调，每个空调间配置三台，以"2+1"模式运行。

Q6. 数据中心常见的空调背板类型有哪些?

大型数据中心普遍采用集中水冷冷冻水空调系统，冷冻水送至机房末端空调，在空调内部表冷器与机房空气进行热交换，通过风机将冷风送至IT设备进风，抵消IT设备工作过程中产生的热量，使得机房处于合适的温度和湿度，提升IT设备工作的稳定性和使用寿命。

数据中心末端空调一般采用三种形式：热管空调、列间空调和水冷末端空调。其中，热管空调和列间空调通过冷媒或空气将冷冻水进水的冷量送至机房，热交换通过板式换热器完成；水冷末端空调的制冷过程无制冷剂参考，冷水的冷量与机房内热空气直接进行热量交换。

数据中心常见的空调背板为水冷背板和热管背板。水冷背板采用水作为载冷剂，水资源相对比较丰富，所以投资更少，水冷背板比热管背板减少了一次换热，效率更高。因为冷冻水进入了机房内，所以机房的风险变高，一旦出现漏水就会损坏设备。热管背板采用氟利昂作为载冷剂，投资偏高，又多了一次换热，系统效率略低，但是水不进入机房，安全性更高。

 ## 1.2 组网架构

Q7. 什么是传统网络架构？

目前，主流的数据中心传统网络架构为三层树形网络架构（见图 Q7-1）。基于此网络架构，可以将一个复杂的、大而全的网络进行有序管理。

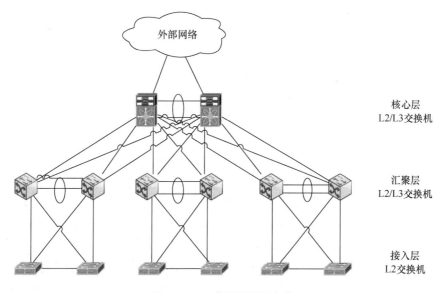

图 Q7-1　三层树形网络架构

网络架构划分成核心层、汇聚层和接入层三个层次。核心层主要用于网络的高速交换主干；汇聚层着重于提供基于策略的连接；接入层则负责将包括计算

机、AP 等在内的工作站接入网络中（见表 Q7-1）。

表 Q7-1　三层树形网络架构功能

核 心 层	汇 聚 层	接 入 层
强大的路由功能 隔离不同的汇聚层 大带宽、大交换容量 箱体式交换机	需要路由功能 汇聚层的边界 相对大带宽、大交换容量 箱体式交换机或 TOR 交换机	一般不需要三层路由功能 TOR 二层交换机 提供服务器等终端设备接入

Q8. 什么是 Leaf-Spine 网络架构?

数据中心传统的网络是三层网络架构，一般包括核心层、汇聚层和接入层。业务大规模发展为数据中心带来了新的挑战，为解决数据中心内流量高速互联和数据中心规模不断扩大的问题，Leaf-Spine（Leaf-Spine Network Topology，叶脊网络架构）应运而生。传统三层树形网络架构如图 Q7-1 所示，Leaf-Spine 网络架构如图 Q8-1 所示。

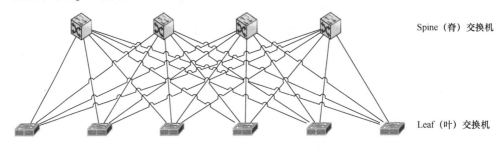

Spine（脊）交换机

Leaf（叶）交换机

图 Q8-1　Leaf-Spine 网络架构

在 Leaf-Spine 网络架构中有两个重要组件，Leaf（叶）交换机和 Spine（脊）交换机。其中，Spine（脊）交换机可以当作传统三层树形网络架构中的核心层 L2/L3 交换机，只是 Spine（脊）交换机不再是传统三层树形网络架构中的大型机箱式交换机，而是高端口密度的交换机。另外，Leaf（叶）交换机就是接入层 L2 交换机，Leaf（叶）交换机为服务器等终端设备提供网络连接，同时上联到 Spine（脊）交换机。

但是，对于同一个 Spine 出现相同的 VLAN（Virtual Local Area Network，

虚拟局域网）配置，Spine（脊）交换机转发指路不清楚，接入设备的部署灵活度不足，此时需要引入 OverLay 网络（Overlay Network，叠加网络）技术来解决。

传统三层树形网络架构和 Leaf-Spine 网络架构对比如表 Q8-1 所示。

表 Q8-1　传统三层树形网络架构和 Leaf-Spine 网络架构对比

传统三层树形网络架构	Leaf-Spine 网络架构
不适合东西向流量	适合新型数据中心（虚拟化）
数据转发受限于带宽	数据转发无阻塞
数据转发延迟大且不一致	数据转发低且一致的延迟
二层协议引起的网络问题	所有链路处于激活状态
受限的纵向发展	无折扣的横向扩展
复杂的网络管理	简化的网络管理
较低的性价比	较高的性价比

Q9.　SDN+NFV 的网络架构是什么？

传统 VNF（Virtualization Network Function，虚拟化网络功能）在部署过程中如果没有引入 SDN（Software Defined Networking，软件定义网络），就不能批量配置网络数据，仍需要手动登录网络设备进行操作。通过人工创建虚拟网络资源不但对操作人员技能要求高，并且部署效率低、容易出错。

NFV（Network Functions Virtualization，网络功能虚拟化）引入 SDN 的本质目的是实现 VNF 连接自动化，部署开通端到端的自动化业务。SDN 控制器在 ETSI（European Telecommunications Standards Institute，欧洲电信标准化协会）NFV 架构中的位置如图 Q9-1 所示，SDN 控制器负责管理云数据中的网络设备，包括 Leaf（叶）交换机、SDN 网关。SDN 控制器提供与VIM（Virtualized Infrastructure Manager，虚拟化基础设施管理器）对接的API（Application Programming Interface，应用程序编程接口），接收 VIM 发送的网络配置数据。

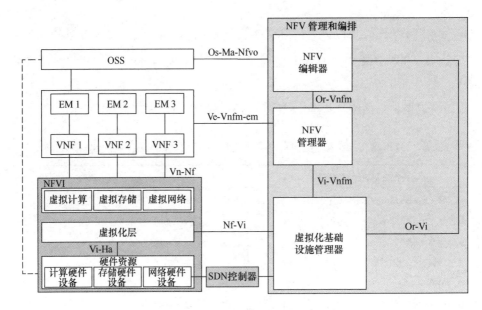

图 Q9-1　NFV+SDN 网络架构

Q10. 网络云组网大致分哪几层？每层的作用是什么？

网络云数据中心组网自下而上大致分为接入层、核心层和出口层，如图 Q10-1 所示。

1. 接入层

接入层部署 TOR（Top of Rank，接入交换机）和各类计算型服务器、存储设备，为上层业务提供计算、存储资源。

2. 核心层

核心层部署 EOR（End of Row，核心交换机）和 DC GW（SDN 组网为 SDN 网关），并按需配置内层防火墙、IDS/IPS（Intrusion Detection/Prevention System，入侵检测/防御系统）、WAF（Web Application Firewall，Web 应用防护系统）及负载均衡器等设备；EOR 向下汇聚所有接入层网络设备，保证接入层设备之间的高速交换，其中 DC GW（SDN 组网为 SDN 网关）作为资源池出口网关，向上与出口层设备互联。

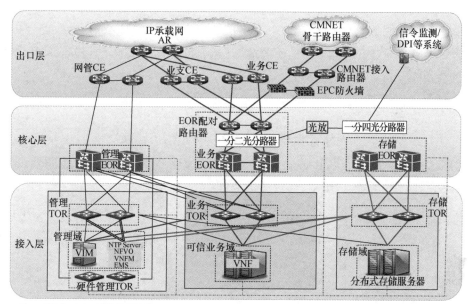

注：硬件管理TOR连接资源池内所有计算、存储、接入层和核心层的网络设备，以及CE、CMNET接入路由器、EPC防火墙等出口层设备。

图 Q10-1　网络云数据中心组网方案

3．出口层

出口层复用现网承载、传输网络组网设备。出口层作为网络云站点内部和外部网络互联互通的纽带，分别部署专用 CE 路由器接入现网 IP 承载网与 CMNET（China Mobile Network，中国移动互联网），对外完成与外部设备的高速互联，对内负责与网络云站点核心层交换设备互联，完成与站点外部路由的信息转发和维护。

Q11. 网络云资源池 VLAN 划分原则是什么？主要 VLAN 有哪些？

一、VLAN 划分原则

（1）使用同一个 VIM 管理的硬件资源池，VLAN 不能重复。

（2）预留一部分 VLAN（通常为 1024 个）作为公用 VLAN，包括硬件管理 VLAN、VIM VLAN、存储 VLAN、SDN 控制器管理 VLAN、SDN 控制器业务 VLAN、计算节点隧道 VLAN 等。

（3）各网络平面（存储、网络、硬件管理），除 VIM VLAN（含 PXE VLAN）外，一个 VLAN 内的 MAC 地址尽量不超过 256 个。

（4）计算服务器侧存储前端 VLAN 的划分应与 HA（Host Aggregate，主机集群）的划分对应，存储服务器侧前端 VLAN 和后端 VLAN 的划分应与存储池的划分对应。

二、主要 VLAN

主要 VLAN 包括硬件管理 VLAN、VIM VLAN、存储管理 VLAN、存储前端 VLAN、存储后端 VLAN、SDN 控制器管理 VLAN、SDN 控制器业务VLAN、计算节点隧道 VLAN 等（见图 Q11-1）。

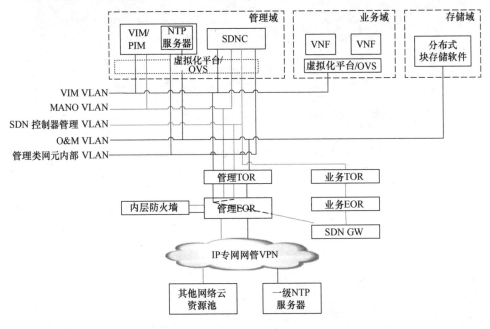

图 Q11-1 网络云资源池主要 VLAN

网络云资源池分Ⅰ类资源池和Ⅱ类资源池。以Ⅰ类资源池为例，其内部管理VLAN 包括承载 VIM 对 NFVI 的管理流量、VIM 对 SDN 控制器的管理流量、VIM 北向接口、SDN 控制器对 SDN GW 及 vSwitch（Virtual Switch，虚拟交换机）的管理流量等，具体包括以下 VLAN。

1. VIM VLAN

VIM VLAN 用于实现 OpenStack 组件之间、VIM 与计算节点之间的资源管理在资源池内部疏通，该 VLAN 为资源池内公用 VLAN，VIM 复用该接口为 Hypervisor/HostOS 提供 NTP 服务。

2．MANO VLAN

MANO VLAN 用于 VIM 与 VNFM 之间 Vi-Vnfm 接口（通过 NFVO+转发）、VIM/PIM 与 NFVO 之间 Or-Vi 接口的互通，通过 IP 承载网网管 VPN 疏通。

3．SDN 控制器管理 VLAN

SDN 控制器管理 VLAN 是用于 SDN 控制器对 SDN GW、vSwitch 等节点设备管理的数据流。根据各厂家实现的不同，SDN 控制器管理 VLAN 包括通过 SDN 控制器管理网口进行管理、通过 SDN 控制器业务网口进行管理两种方式。

4．O&M VLAN

O&M VLAN 分为资源池内 NTP 服务器与上级时间源之间接口的 VLAN，以及 PIM 与分布式存储集群管理模块之间资源管理的 VLAN。

5．管理类网元内部 VLAN

管理类网元内部 VLAN 用于 VIM 内部模块间通信流量及 SDN 控制器内部模块间通信流量。

6．硬件管理 VLAN

硬件管理 VLAN 由 PIM 和各物理硬件（服务器、TOR、EOR、防火墙等）管理接口（IPMI）组成，用于实现对资源池内物理硬件设备的管理，是资源池内的公用 VLAN。

7．存储管理 VLAN

存储管理 VLAN 用于分布式存储管理节点与存储节点之间的存储管理、监控流量，VIM 与分布式存储节点之间存储卷管理，为资源池内的公用 VLAN。

8．存储后端 VLAN

存储后端 VLAN 用于同一存储池内分布式存储节点之间副本数据同步、数

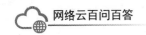

据重构和重均衡的流量，每个存储池分配一个 VLAN。

9. 存储前端 VLAN

存储前端 VLAN 用于各计算节点、物理机与分布式存储节点之间数据读写流量，是资源池内的公用 VLAN。计算服务器侧和存储服务器侧规划不同的 VLAN。

10. 组网及设备互联 VLAN

组网及设备互联 VLAN 用于 EOR 与出口层各外部网络之间的互联；在部署 DMZ（Demilitarized Zone，非军事化区、网络隔离区域）时，还需要部署 VLAN（用于 TOR、EOR、防火墙之间的互联），以及计算节点服务器隧道 VLAN、组网设备互联 VLAN 等其他资源池组网及互联用 VLAN。

Q12. 在网络云 SDN、非 SDN 组网中，DC GW 的角色有何不同？

如图 Q12-1 所示，在 SDN 组网中，SDN GW 仅作为南北向流量出口及跨 VPC（Virtual Private Cloud，虚拟私有云）流量节点，业务通过 SDN 控制器下发到 SDN GW。

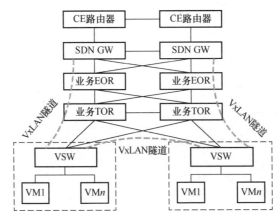

图 Q12-1　SDN 组网中流量流向

如图 Q12-2 所示，在非 SDN 组网中，DC GW 作为三层网关，东西向三层、南北向及跨 VPC 流量都需要经过配对路由器，并且需要手动进行相关业务配置。

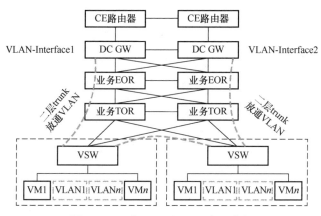

图 Q12-2　非 SDN 组网下流量流向

 ## 1.3　平台架构

Q13. 网络云平台系统架构及各层功能是什么?

如图 Q13-1 所示,网络云平台系统由硬件层、虚拟层、网元层及 NFV 管理编排域组成,通常称为"三层一域"架构。

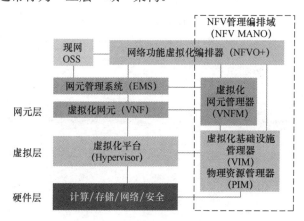

图 Q13-1　网络云平台系统架构

一、硬件层

硬件层是各类计算、存储、网络、安全等物理设备的集合。

二、虚拟层

虚拟层将物理计算、存储、网络资源虚拟化成虚拟计算、存储、网络资源，为虚拟化网元（VNF）的部署、执行和管理提供虚拟资源池。

三、网元层

网元层包括虚拟化网元（VNF）和网元管理系统（EMS）。VNF 部署在网络功能虚拟化基础设施（Network Function Virtualization Infrastructure，NFVI）上，实现软件化的电信网元功能。EMS 的功能与传统网元管理功能相同，可实现对 VNF 的管理，如配置、告警、性能分析等。

四、NFV 管理编排域

NFV MANO（NFV Management and Orchestration，NFV 管理编排域）主要包括 NFV 编排器（NFVO+）、VNF 管理器（VNFM）及虚拟化基础设施管理器（VIM）/物理资源管理器（PIM）三个部分，实现 NFV 管理与编排功能。NFVO+（Network Function Virtualization Orchestrator，网络功能虚拟化编排器）实现网络服务、虚拟网络生命周期管理及全局资源管理，是云管理的决策者；VNFM（Virtualized Network Function Manager，虚拟化网元管理器）实现虚拟网元生命周期管理，是 VNF 管理的执行者；VIM/PIM 是虚拟化基础设施管理系统，是虚拟资源和物理资源管理的执行者。

Q14. NFV 管理编排域（MANO）的组成及其功能是什么？

NFV 管理编排域（NFV MANO）主要包括 NFV 编排器（NFVO+）、VNF 管理器（VNFM）及虚拟化基础设施管理器（VIM）/ 物理资源管理器（PIM）三个部分。

一、NFVO+

NFVO+负责全网的网络服务、物理资源、虚拟资源和策略的编排、维护，以及其他虚拟化系统相关维护管理功能；实现网络服务生命周期的管理，与 VNFM 配合实现 VNF 的生命周期管理和资源的全局视图功能，如表 Q14-1 所示。

表 Q14-1　业务生命周期管理

业务生命周期管理	
业务部署	根据整网业务规划，分解出对各厂商网元的需求，调度申请 I 层资源，与 VNF 管理器配合完成网元部署及业务数据配置
业务监控	采集业务类的 KPI，进行扩容/缩容策略分析
业务扩容	根据监控结果和扩容策略，自动发起业务扩容操作，与 VNF 管理器配合完成业务扩容数据配置和网元扩容
业务缩容	根据监控结果和缩容策略，自动发起业务缩容操作，与 VNF 管理器配合完成业务缩容数据配置和网元缩容
业务退网	根据业务需求，分解得出对各厂商网元的部署要求，与 VNF 管理器配合完成业务数据取消及网元退网

二、VNFM

VNFM 实现虚拟化网元（VNF）的生命周期管理，包括 VNFD（Virtualized Network Function Descriptor，虚拟化网络功能描述符）的管理及处理、VNF 实例的初始化、VNF 的扩容/缩容、VNF 实例的终止等。VNFM 支持接收 NFVO+下发的弹性伸缩策略，实现 VNF 的弹性伸缩，如表 Q14-2 所示。

表 Q14-2　虚拟化网元的生命周期管理

网元生命周期管理	
网元部署	根据网元部署要求，完成网元安装软件安装，提供手动部署和北向接口两种能力
网元监控	采集网元 I 层的告警及 KPI，进行网元扩容/缩容策略分析
网元扩容	根据网元监控结果和扩容策略，手动/自动发起扩容操作
网元缩容	根据网元监控结果和缩容策略，手动/自动发起缩容操作
网元退网	根据网元部署要求，完成网元销毁
网元配置	根据业务/网络要求配置网元数据

三、VIM、PIM

VIM、PIM 分别负责基础设施层虚拟资源、物理资源的管理，监控和上报故障，并分别面向上层 VNFM 和 NFVO+提供虚拟资源，如表 Q14-3 所示。

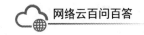

表 Q14-3　资源生命周期管理

资源生命周期管理	
资源分配	根据资源要求，分配网络资源、存储资源、计算资源，提供手动部署和北向接口自动调用部署两种能力

Q15. OpenStack 的定义是什么？其有什么优势？

OpenStack 是一个开源的云计算管理平台项目，是一系列软件开源项目的组合。OpenStack 由 NASA（美国国家航空航天局）和 Rackspace 合作研发并发起，是 Apache 许可证（Apache 软件基金会发布的一个自由软件许可证）授权的开源代码项目。

OpenStack 为私有云和公有云提供可扩展的、弹性的云计算管理服务。项目目标是提供实施简单、可大规模扩展、丰富、标准统一的云计算管理平台。

通俗地讲，云操作系统（Cloud OS）和普通的操作系统一样，可实现对硬件资源的抽象，并为上层提供统一的接口。除此之外，"云"的特征要求云操作系统借助计算、存储和网络虚拟化技术实现资源的组织和分配，进而实现资源的共享、弹性、快速部署和回收、可监控和可测量，实现"像使用自来水一样使用 IT 资源"的构想。在 Cloud OS 领域，最著名的当属 OpenStack。OpenStack 属于 Cloud OS 的管理部分，与虚拟化平台一起构成 Cloud OS 的功能。在一般表述中，OpenStack 直接被称为云操作系统，将虚拟化平台作为 OpenStack 的一部分。

OpenStack 的 Open 有两层含义：Open Source，和其他开源软件一样，其源代码是公开的；Open Mind，思想是开放的。OpenStack 以开源社区的方式向所有人开放，任何人都可以向社区贡献自己的想法和代码。

OpenStack 从众多的物理主机、存储和网络设备中抓取虚拟机所需要的计算、存储和网络资源分配给虚拟机。

OpenStack 的优势如下。

1. 开放架构

两级标准 OpenStack API，完全开放架构。

2．即插即用快速集成

由于被级联的 OpenStack 只需要提供标准 OpenStack API 即可，因此架构具备即插即用快速集成第三方基础设施的能力，采用标准 OpenStack API 实现多厂家异构快速集成。

3．故障隔离的高可靠系统

单个被级联 OpenStack 管理的规模为 1024 台服务器，系统故障的影响范围局限于 1024 台服务器的小规模下。即使级联 OpenStack 出现故障，被级联 OpenStack 仍然可以管理。系统故障容忍度高，总是可用。

4．升级隔离

单个被级联 OpenStack 升级不影响其他系统，系统天然具备多版本并存能力，不会因为局部升级而引起百万台服务器系统规模的升级。

5．水平扩展

在被级联 OpenStack 内，以服务器为单位和以被级联 OpenStack 为单位两个层面均具备大规模水平扩展能力，从极小规模的几台服务器到百万台级别服务器规模。

6．支持大规模、多数据中心

架构通过两级调度减少单一系统的总负载，第一个阶段十万台服务器、百万台虚拟机，第二个阶段百万台服务器、千万台虚拟机。

Q16. OpenStack 为云计算带来哪些帮助？

OpenStack 是一个由美国国家航空航天局（贡献 Nova）和 Rackspace（贡献 Swift）合作研发并发起的开源项目，是一系列软件开源项目的组合，可以理解为一个云操作系统。OpenStack 基本上以每 6 个月发布一个新版本的节奏在逐步迭代，2021 年 4 月 14 日 OpenStack 开源社区正式发布第 23 个版本，版本号 Wallaby（简称"W 版"），中国移动网络云资源池使用的版本为 M+版（在 Mitaka 版基础上吸收了一些 Pike 和 Queens 版本的增强功能）。

OpenStack 提供可扩展的、弹性的云计算管理服务，具有架构开放、扩展性良好、支持多厂商基础设施的特点。OpenStack 可将各类硬件资源通过虚拟化与软件定义的方式，抽象成资源池；OpenStack 可根据管理员或用户的需求，将资源池中的资源分配给不同的用户，承载不同的应用。OpenStack 具备提供初步的应用部署、应用撤除、自动规模调整的能力。OpenStack 云操作系统架构如图 Q16-1 所示。

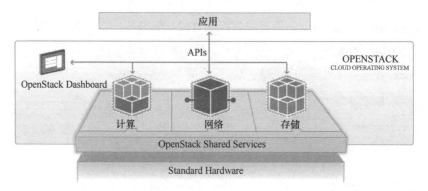

图 Q16-1　OpenStack 云操作系统架构

Q17. OpenStack 的通用设计思路是什么？

OpenStack 的通用设计思路自上而下分为前端服务（API）、调度服务（Scheduler）、工作服务（Worker）、框架服务（Driver）、消息服务（Messaging）、数据库（Database）六个部分。

一、前端服务（API）

每个 OpenStack 组件可能包含若干个子服务，其中必定有一个前端服务负责接收客户请求。

以 Nova 为例，Nova-api 作为 Nova 组件对外的唯一窗口，向客户暴露 Nova能够提供的功能。当客户需要执行虚拟机相关的操作时，只能向 Nova-api 发送REST（Representational State Transfer，表征状态转移）请求。这里的客户包括终端用户、命令行和 OpenStack 其他组件。

设计前端服务（API）的好处在于：

（1）对外提供统一接口，隐藏实现细节；

（2）提供 REST 标准调用服务，便于与第三方系统集成；

（3）通过运行多个 API 实例轻松地实现 API 的高可用性，例如，运行多个 Nova-api 进程。

二、调度服务（Scheduler）

对于某项操作，如果有多个实体都能够完成任务，那么通常会有一个 Scheduler 负责从这些实体中挑选一个最合适的来执行操作。一般来说，Nova 有多个计算节点，当需要创建虚拟机时，Nova-scheduler 会根据计算节点当时的资源使用情况选择一个最合适的计算节点来运行虚拟机。

调度服务好比开发团队中的项目经理。当接到新的开发任务后，项目经理会评估任务的难度，并考察团队成员目前的工作负荷和技能水平，然后将任务分配给最合适的开发人员。除了 Nova，块服务组件 Cinder 也有 Scheduler 子服务。

三、工作服务（Worker）

调度服务只管分配任务，真正执行任务的是工作服务（Worker）。在 Nova 中，这个 Worker 就是 Nova-compute 了。将 Scheduler 和 Worker 从职能上进行划分,会使 OpenStack 非常容易扩展。

当计算资源不够无法创建虚拟机时，可以增加计算节点（增加 Worker）；当客户的请求量太大调度不过来时，可以增加 Scheduler。

四、框架服务（Driver）

OpenStack 作为开放的 IaaS（Infrastructure as a Service）云操作系统，支持业界各种优秀的技术。这些技术可能是开源免费的，也可能是商业收费的。这种开放架构使得 OpenStack 能够在技术上保持先进性，具有很强的竞争力，同时又不会导致厂商锁定（Lock-in）。

那么，OpenStack 的这种开放性体现在哪里呢？一个重要的方面就是采用基于 Driver 的框架。以 Nova 为例，OpenStack 的计算节点支持多种虚拟化平台，包括 KVM（Kernel-based Virtual Machine，KVM 虚拟机）、Hyper-V、VMWare、Xen、Docker、LXC 等。Nova-compute 为这些虚拟化平台定义了统一的接口，虚拟化平台只需要实现这些接口，就可以 Driver 的形式即插即用到 OpenStack 中。

五、消息服务（Messaging）

消息服务是 Nova-*子服务交互的中枢。为什么不让 API 直接调用 Scheduler，或者让 Scheduler 直接调用 Compute，而非要通过 Messaging 进行中转呢？这里做一些解释。

程序之间的调用通常分两种：同步调用和异步调用。

同步调用就是 API 直接调用 Scheduler 的接口。其特点是 API 发出请求后需要一直等待，直到 Scheduler 完成对 Compute 的调度，并将结果返回给 API 后，API 才能继续进行后面的工作。

异步调用就是 API 通过 Messaging 间接调用 Scheduler。其特点是 API 发出请求后不需要等待，直接返回，继续进行后面的工作。Scheduler 从 Messaging 接收到请求后执行调度操作，完成后将结果通过 Messaging 发送给 API。

OpenStack 这类分布式系统通常采用异步调用的方式，其好处如下。

（1）解耦各子服务。子服务不需要知道其他服务在哪里运行，只需要发送消息给 Messaging 就能完成调用。

（2）提高性能。异步调用使得调用者无须等待结果返回。这样可以继续执行更多的任务，提高系统的总吞吐量。

（3）提高伸缩性。子服务可以根据需要进行扩展，启动更多的实例以处理更多的请求，在提高可用性的同时提高整个系统的伸缩性。另外，这种变化不会影响其他子服务，也就是说变化对其他子服务是透明的。

六、数据库（Database）

OpenStack 各组件需要维护自身的状态信息。例如，Nova 中有虚拟机的规格、状态，这些信息都是在数据库中维护的。每个 OpenStack 组件在 MySQL 中都有自己的数据库。

第 2 章　云平台运维

2.1　服务器

Q18. x86 和 ARM 的区别是什么?

一、指令集

x86 采用复杂指令集（Complex Instruction Set Computer，CISC）。CISC 处理的是不等长指令集，其必须对不等长指令进行分割。因此，CISC 在执行单一指令的时候需要进行较多的处理工作，并且存在很多机器指令，这就使得硬件逻辑很复杂，晶体管数量庞大。为了高效地进行运算，x86 有较长的流水线，以达到指令级并行（Instruction-Level Parallelism，ILP）。

ARM 采用精简指令集（Reduced Instruction Set Computer，RISC）。RISC 执行的是等长精简指令集，CPU 在执行指令的时候速度较快，并且性能稳定。其以少量指令集就可以简化硬件逻辑的设计，可以减少晶体管数量、降低功耗。

二、工艺

ARM 和 x86 的一大区别是：ARM 从来只设计低功耗处理器，如高通骁龙、华为海思等；x86 的强项是设计超高性能的台式计算机、便携式计算机、服务器处理器，如 Intel 的至强、AMD 的霄龙等。

三、计算

对于 64 位计算，ARM 和 Intel 也有一些显著区别。Intel 并没有开发 64 位版本 x86 指令集。64 位版本 x86 指令集的名称为 x86-64（有时简称"x64"），其实际上是 AMD 设计开发的，就是 AMD64。它是 64 位版本的 x86 处理器的标准。Intel 当前给出的移动方案，就采用了 AMD 开发的 64 位指令集的 64 位处理器。

在 ARM 的 big.LITTLE 架构中，处理器的类型可以是不同的。ARM 通过 big.LITTLE 架构向移动设备推出了异构计算。这意味着，处理器中的核可以有不同的性能和功耗。采用 big.LITTLE 架构的处理器可以同时拥有 Cortex-A53 核（顺序执行）和 Cortex-A57 核（乱序执行）。设备在正常运行时，使用低功耗的核；而设备在运行一款复杂的游戏时，使用高性能的核。

四、操作系统的兼容性

x86 架构由微软的 Windows、Intel 构建的 Wintel 联盟形成巨大的用户群。同时，x86 在硬件和软件开发方面已经形成统一的标准，几乎所有 x86 硬件平台都可以直接使用微软的视窗系统，以及现在流行的几乎所有工具软件，所以 x86 在兼容性方面具有无可比拟的优势。

ARM 架构几乎都采用 Linux 操作系统，而且几乎所有硬件系统都要单独构建自己的系统，与其他系统不能兼容，这也导致其应用软件不能很方便地移植。这一点严重制约了 ARM 的发展和应用。

五、产品定位区别

ARM 本身定位于嵌入式平台，用于应付轻量级、目的单一明确的程序，应用在移动设备上更加得心应手。

x86 定位于桌面和服务器，这些平台上很多应用是计算密集型的，如多媒体编辑、科研计算、模拟等。

Q19. 网络云资源池硬件如何分区？

硬件资源池是同一个数据中心内同机房或同机房楼的一个或多个虚拟资源池的硬件组合，包括一组 EOR 交换机/EOR 配对路由器及其下连的计算、存储、网络等硬件资源。

当有容灾备份关系的多个网元部署在同一个资源池时，可能会被 VIM 分配到同一台物理主机、同一个机柜，存储也可能分配到同一套存储设备上，因此存在单硬件设备（机架电源模块、配电柜、存储设备等）故障同时影响多个有容灾备份关系网元的风险。为了避免该风险，需要在虚拟层划分可用区（Availability Zone，AZ），初期设置两个 AZ，每个 AZ 内有独立的服务器和分布式存储集群。

由于 AZ 划分基于硬件，因此一个虚拟资源池划分成两个 AZ，分别位于硬件资源池的两个硬件分区，如图 Q19-1 所示。每个物理设备节点只能属于一个 AZ；每个 AZ 内有独立的服务器、服务器所接入的 TOR、存储服务器，两个 AZ 共用成对设置的 EOR、CE（Customer Edge，用户网络边缘设备）、防火墙等出口层设备。

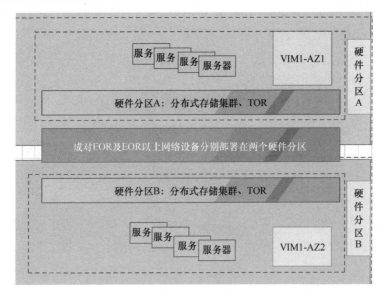

图 Q19-1　一个资源池划分成两个 AZ

一、硬件分区对供电的要求

为了提升业务可靠性，采用不同电源系统为不同硬件分区供电的组合划分，包括计算、存储、网络及其配套等硬件资源。

若采用交流供电，两路供电分别来自两套不同的 UPS 主机或 UPS 电源系统。

若采用直流供电，两路供电来自同一套直流电源系统的两个端子，当存在直流电源系统故障或输入开关故障时，所有设备都有断电的风险。因此，在条件允许的情况下，可采用两套直流电源系统为不同的硬件分区供电，以提升业务可靠性。

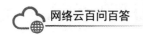

二、硬件分区对存储的要求

为避免存储集群故障影响整个资源池内的网元，应配置至少两套分布式存储集群。

Q20. 服务器的组网方式是什么？

一、计算型服务器

计算型服务器对外提供硬件管理 GE 网口及 6×10GE 网口，其中，硬件管理 GE 网口连接硬件管理 TOR，6×10GE 网口划分为管理平面、业务平面、存储平面。不同平面间流量采用物理端口隔离，保证在物理层面互不干扰；同一平面内不同功能接口之间采用逻辑隔离。

对于 VNF 及 VIM 所在服务器，管理网口连接管理 TOR，业务网口连接业务 TOR，存储网口连接存储 TOR。对于 NFVO+、VNFM、EMS 等管理网元所在服务器，管理网口连接管理 TOR，业务网口（业务管理流量、MANO 管理流量等）连接管理 TOR，存储网口连接存储 TOR。计算型服务器网口接线具体如图 Q20-1 所示。

管理平面、业务平面、存储平面尽量两两跨网卡 BOND 绑定。为便于维护，每个平面的 TOR1 跨网卡连接第一个网口，TOR2 跨网卡连接第二个网口。

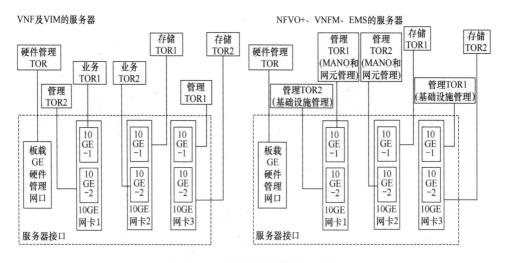

图 Q20-1　计算型服务器网口接线

二、存储型服务器

存储型服务器对外提供 4×10GE 网口及硬件管理 GE 网口。其中，硬件管理 GE 网口连接硬件管理 TOR 实现硬件管理；2×10GE 网口跨网卡连接管理 TOR，实现 OpenStack 管理；2×10GE 网口跨网卡连接存储 TOR，实现数据存储和存储后端数据同步、重均衡，存储前端和后端网络共用存储网口，如图 Q20-2 所示。

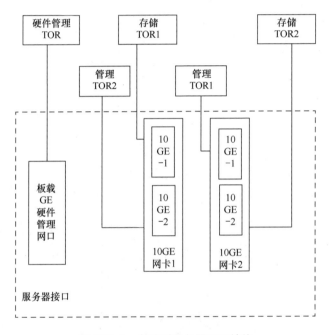

图 Q20-2　存储型服务器网口接线

在组网中，计算型服务器与存储型服务器有 BMC（硬件设备管理平面，用于带外管理、硬件告警），以及 external_om（存储运维平面，用于虚拟化告警、备份、NTP 等）、storage_om（存储管理平面，需要与 OpenStack 管理平面三层通信）、storage_data（存储业务平面，与计算节点三层互通）、storage_data0～storage_data1（存储数据平面，用于与存储设备间三层通信）；计算还含external_api（存储 API 平面，用于运营 API 和少量的运维 API 调用，即运营平面）、public service（VIM 的通信平面，用于 VIM 的运营和运维）、internal_base（存储的内部通信）等平面。

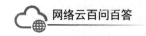
网络云百问百答

Q21. 内存 ECC 是什么？

内存 ECC（Error Checking and Correcting，错误检查和纠正）本意是指利用错误检查和纠正技术，使内存中的错误数据被检查和纠正过来。其机制为服务器内存的高容错功能，发生该错误的常见情况有两种。一种是可纠正的内存 ECC 错误，简称 CE，此种错误并不会影响系统正常运行，只是代表内存中的错误数据被纠正的一条记录，此时错误本身已经被纠正，产生的内存 ECC 错误记录不会对服务器性能和稳定性产生影响，因此对于极少数不连续的报错可以忽略；但是，当 CE 纠错的频率和次数达到一定阈值时（CE 风暴和 CE 溢出），须关注该内存健康状态。另一种是不可纠正的内存 ECC 错误，简称 UCE，这种错误可能直接导致宕机，需要及时更换内存。

服务器上实现内存 ECC，需要使用 RDIMM（Registered Dual In-line Memory Module，带寄存器的内存）、LRDIMM（Load Reduced Dual In-line Memory Module，低负载双列直插内存）。这两种内存，不同于 UDIMM（Unbuffered Dual In-line Memory Module，无缓冲双列直插内存），除包含存储正常数据的内存颗粒外，还会多几个内存颗粒，用于存储数据的 CRC（Cyclic Redundancy Check，循环冗余校验）值和 PARITY（奇偶校验位）值。这样的内存也被称为带 ECC 的内存。

实现内存 ECC 的基本原理为，内存控制器每次向内存中写入数据时，会同时将数据及计算出这些数据的 CRC 值+PARITY 值保存到 ECC 内存上。当 CPU 需要用到这组数据时，内存控制器会同时读取数据的 CRC 值+PARITY 值；然后根据读取出来的数据再计算一次 CRC 值和 PARITY 值。当发现 CRC 值和 PARITY 值与读取到原先存储的 CRC 值和 PARITY 值不同时，内存控制器就会知道数据有错误，并根据 CRC 值和 PARITY 值进行纠正，将原本正确的数据传送给 CPU，这样就完成了一次内存数据的检查和纠正。这一系列操作是由内存控制器中的纯硬件（芯片）完成的。

内存 DRAM 是一种电子器件，由于其工艺特性，普遍存在硬件早期失效和软失效，在其工作过程中出现部分比特位翻转，从而导致数据错误，这是内存最普遍的问题。对于稳定性要求高的服务器产品来说，为了保证数据的正确性，采用带 ECC 的内存来实现内存 ECC。发生内存 ECC 不可避免，这些错误数据被纠正是为了保证数据的正确性，一般来说对业务没有影响。

Q22. BMC 是什么？

BMC（Baseboard Management Controller，基板管理控制器）是一种专用芯片控制器，也称为服务器处理器，兼容服务器业界管理标准 IPMI2.0 规范，独立于服务器系统之外的小型操作系统，是一个集成在主板上的芯片。它并不依赖服务器的处理器、BIOS 或操作系统来工作，有自己的固件、电源、MAC 地址与网络接口，可谓非常独立，是一个单独在系统内运行的无代理管理子系统。BMC 主要实现远程控制、告警管理、状态监测、设备信息管理、散热控制、支持 IPMItool、支持 Web 界面管理、支持账号集中管理等功能。

Q23. 什么是故障诊断最小化测试？

故障诊断最小化测试是指，从维修的角度判断可使服务器开机或运行的最基本的硬件和软件环境。

最小化测试有两种形式与目的。

1. 硬件最小化测试

硬件最小化测试系统由电源、主板和 CPU 组成。在这个系统中，没有任何信号线的连接，只有电源到主板的电源连接。能够使服务器启动说明这些备件均正常，然后一件件地将其他备件插上去，直到某个备件引起错误为止，这样可以逐一排除故障。

2. 软件最小化测试

软件最小化测试系统由电源、主板、CPU、内存、显示卡/显示器、键盘和硬盘组成。软件最小化测试的目的主要是判断系统是否可完成正常启动与运行。

故障诊断最小化测试系统配置为：CPU 一个，安装在 CPU1 槽位；内存一个，安装在 DIMM000(A)槽位；电源一个，安装在任意槽位。

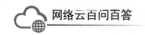

2.2 分布式存储

Q24. 存储基本组件有哪些？功能是什么？

网络云存储系统采用分离式部署的方式，即存储型服务器与计算型服务器独立部署，两者的故障不会相互影响，易于后期运维进行故障排查；计算与存储配比根据业务需求自行调配，灵活程度高，可以单独对计算和存储资源进行扩展；计算与存储分层管理，管理权限清晰。分布式存储的主要组件包括以下几个。

1. FSM（FusionStorage Manager）

FSM 是块存储的管理器，为管理进程及实现系统的资源监控、配置、管理、升级和扩容等功能，采用主备管理节点部署。

2. FSA（FusionStorage Agent）

FSA 是块存储的代理，为管理代理进程，其部署在各存储节点和计算节点上，实现各节点与块存储的管理器通信。

3. MDC（Metadata Controller）

MDC 是元数据控制组件，实现对分布式集群的状态控制，以及对数据分布规则、数据重建规则等的控制。

4. ZK（ZooKeeper）

ZK 是分布式应用程序协调服务进程。ZK 部署在控制集群的每个节点上，形成 ZK 集群，为 MDC 集群提供选主仲裁。在实际应用中，必须保证大于总数一半（5、7、9）的 ZK 处在活跃可访问状态，集群才可保持正常状态。

5. VBS（Virtual Block Service）

VBS 通过 SCSI（Small Computer System Interface，小型计算机系统接口）或 iSCSI（Internet Small Computer System Interface，互联网小型计算机系统接口）提供分布式存储接入点服务，使应用服务器能够通过 VBS 访问分布式存储资源，部署 VBS 进程的服务器形成 VBS 集群。

6. EDS（Enterprise Data Service）

EDS 提供快照、重删、复制等企业级特性服务。

7. OSD（Object Storage Device）

OSD 的功能是处理 VBS 下发的 I/O 消息，进行数据冗余保护，并持久化到存储介质中，一个存储服务器上启动一个 OSD 进程。

8. CM（Cluster Manager）

CM 是集群管理进程，用于管理控制 ZK 集群信息。

9. CCDB（Cluster Configuration Database）

CCDB 是集群配置数据库，存储集群的配置信息，如双活 Pair、远程复制 Pair 和一致性组信息等。

Q25. 什么是 SCSI 和 iSCSI？

SCSI 是一个协议体系，经历了 SCSI-1、SCSI-2、SCSI-3 变迁。SCSI 协议定义了一套不同设备（磁盘、处理器、网络设备等），以及利用该框架进行信息交互的模型和必要的指令集。SCSI 协议本质上与传输介质无关，可以在多种介质上实现，如基于光纤的 FCP 链路协议、基于 SAS 的链路协议、基于虚拟 IP 链路的 iSCSI 协议。

iSCSI 是指把 SCSI 指令和块状数据封装在 TCP（Transmission Control Protocol，传输控制协议）中，然后在 IP 网络中传输。也就是说，iSCSI 节点将 SCSI 指令和数据封装成 iSCSI 包，该数据封装 iSCSI 包被传送给 TCP/IP 层，再由 TCP/IP 协议将 iSCSI 包封装成 IP 协议数据，在网络中进行传输。

一、IP 存储的优势

（1）利用无所不在的 IP 网络，在一定程度上保护了现有投资。

（2）IP 存储超越了地理距离的限制。IP 能延伸到多远，存储就能延伸到多远，适合对现存关键数据的远程备份。

（3）IP 网络技术成熟，IP 存储减小了配置、维护、管理的复杂度。

iSCSI 是一种在 IP 网络上，特别是在以太网上进行数据块传输的标准。简单地说，iSCSI 可以实现在 IP 网络上运行 SCSI 协议，使其能够在高速千兆以太网等网络上进行路由选择，实现了 SCSI 协议和 TCP/IP 协议的连接。

iSCSI 是基于 IP 协议的技术标准，该技术标准允许用户通过 TCP/IP 网络来构建 SAN（Storage Area Network，存储区域网络）。在 iSCSI 技术标准出现之前，构建存储区域网络的唯一技术标准是利用光纤通道，但是其架构需要高昂的建设成本。iSCSI 技术标准的出现对于以局域网为网络环境的用户来说，用户只需要不多的投资，就可以方便、快捷地对信息和数据进行交互式传输和管理。相对于以往的网络接入存储，iSCSI 的出现解决了开放性、容量、传输速度、兼容性、安全性等问题。

二、iSCSI 的技术优势

（1）iSCSI 的基础是传统以太网和互联网，大大减少了投入成本。

（2）IP 网络的带宽发展相当迅速，10GB/100GB 带宽已大量应用。

（3）在技术实施方面，iSCSI 以稳健、有效的 IP 网络及以太网架构为骨干，使网络容忍性大大增加。

（4）简单的管理和部署，不需要投入培训，就可以轻松拥有专业的 iSCSI 人才。

（5）iSCSI 是基于 IP 协议的技术标准，它实现了 SCSI 协议和 TCP/IP 协议的连接，可以方便、快捷地对信息和数据进行交互式传输及管理。

（6）完全解决了数据远程复制及灾难恢复的难题。在安全性方面，iSCSI 已内建支持 IPSEC 的机制，并且在芯片层面执行有关指令，可以确保安全性。

Q26. 硬盘亚健康检测的原理是什么？

硬盘亚健康是指硬盘可以正常运行但性能低于预期的一种状态，导致硬盘亚健康的原因非常多，包括但不限于硬盘自身缺陷、温度、环境（如震动）等。一旦硬盘进入亚健康状态，并且分布式存储软件未进行有效监控和容错，则极有可能会导致上层业务时延增大、IOPS 降低等，严重时甚至可能导致主机业务中断。

分布式块存储系统对硬盘亚健康检测的具体流程如下：

（1）系统每隔 3 秒对硬盘健康状态进行检测；

（2）检测坏道、慢盘、I/O 错误、smart 信息超标等；

（3）检测 I/O 慢或 I/O 阻塞，在一定时间内，若多个周期硬盘服务时间超过阈值［HDD（Hard Disk Drive，硬盘驱动器）为 150ms，SSD（Solid State Disk，固态硬盘）为 10ms]，或者 I/O 持续无返回、I/O 列队，则判断为硬盘亚健康；

（4）系统自动读取硬盘 smart 信息，检测关键指标是否异常；

（5）若一定时间内出现多块硬盘 I/O 慢或 I/O 阻塞，则判断为群集慢盘，会将对应存储节点隔离。

Q27. EC 和三副本保护机制有什么区别?

网络云分布式存储系统采用 EC 和三副本两种数据冗余机制，以保证数据的高可用性。

EC（Erasure Coding，纠删码）是云存储的核心编码容错技术。EC 以 $N+M$ 模式表达，其中，N 表示数据分片个数，M 表示校验分片个数。以 EC 4+2 为例，将所存入的同一个数据切分为 4 个数据分片；以 4 个数据分片为一组，通过计算生成 2 个校验分片；再将数据分片和校验分片以冗余配比的形式写入 6 个不同的存储节点中。

三副本是分布式存储系统的一种数据可靠性保护技术。当写入数据时，每个数据构建与之完全相同的两个副本，分别存储在 3 个不同的存储节点上。在单节点故障的情况下，如节点或硬盘故障，可以读取冗余的副本来实现外部存储请求不中断，硬盘的利用率大约为 33%。在服务器级别安全下，允许任意 2 个存储节点故障而不影响数据的完整性。在机柜级安全下，允许任意 2 个机柜中的存储节点故障而不影响数据的完整性。

网络云分布式存储系统采用的 EC 和三副本在性能和资源利用率方面的具体对比如表 Q27-1 所示。

表 Q27-1　EC 和三副本在性能和资源利用率方面的具体对比

保护机制	性能对比	资源利用率对比
EC	数据计算消耗大 数据更新需要重新计算纠删码 数据恢复需要读取 N 个数据 恢复性能较三副本保护机制差	EC 为 2/3
三副本	无论写入、修改、恢复，均直接进行副本读写	三副本为 1/3

综上分析，三副本比 EC 的系统性能好，用户可根据实际需求选择存储池的数据冗余方式；而 EC 冗余技术比三副本模式的资源利用率高，采用 EC 4+2 的分布式块存储资源利用率约为 66.6%。

Q28. 重删、压缩技术的原理是什么？应用场景有哪些？

重删，即重复数据删除技术，通过定长重删、变长重删、相似重删算法来检查数据块，删除冗余备份数据，确保同样数据仅保存一份，可以在很大程度上减少对物理存储空间的需求。

压缩，一个较大的数据经压缩或压紧算法后，通过特殊编码方式将数据信息中存在的重复度、冗余度有效地降低，从而达到数据压缩的目的。压缩技术一般有两种，即无损压缩和有损压缩。

对空间使用率较高的场景可使用重删、压缩功能，对性能要求较高的场景不适用重删、压缩功能。

 2.3　虚拟层

Q29. 主流虚拟化软件有哪些？网络云采用 KVM 的优势是什么？

目前，市场主流的虚拟化软件包括 VMware vSphere、微软 Hyper-V、Citrix XenServer、IBM PowerVM、Red Hat Enterprise Virtulization、华为 FusionSphere、开源的 KVM、Xen、VirtualBSD 等。

KVM 的全称是 Kernel-based Virtual Machine，是当前云计算中计算虚拟化的主流技术。网络云采用 KVM 有以下三大优势。

1. 生态更好

OpenStack、OVA 等知名组织为 KVM 保驾护航，与 Linux 内核本身深度集成，借助 Linux 内核广泛的生态硬件，兼容性范围更广。在成本方面，KVM 可以作为许多开源操作系统的一部分进行分发，因此几乎没有额外成本。

2. 架构更优

KVM 原生支持硬件辅助虚拟化技术，使用 Linux Baremental 内核，无 PVOPS 性能损耗，可以重用 Linux 内核中已经完善的进程调度、内存管理、I/O 管理等代码；可以长期享受 Linux 内核技术不断成熟和进步的优势，优化 KVM 的实现。

3. 性能更强

KVM 设计之初即着眼于企业级性能，通过三方权威测试，KVM 性能名列前茅。VM 之间与 HOST Kernel 之间对共享区域的访问和映射无须 Hypervisor 进行授权，故整个访问路径短、效率高。

Q30. KVM 的功能架构有哪些？

KVM 的整体架构如图 Q30-1 所示，主要包括 QEMU（Quick Emulator，虚拟操作系统模拟器）和 KVM 两个组件。

QEMU 是一个通用的开源机器模拟器和虚拟器，每个 Qemu-kvm 进程代表一个虚拟机，针对每个 vCPU 创建一个线程。Qemu-kvm 主要完成虚拟机初始环境准备，模拟虚拟机的用户空间组件，提供 I/O 设备模拟、访问外设的途径。

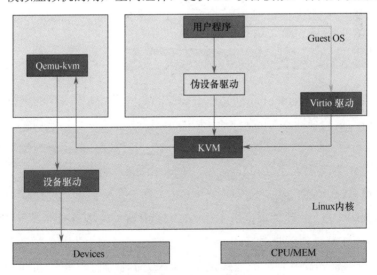

图 Q30-1　KVM 的整体架构

KVM 内核模块是嵌入在 Linux 操作系统标准内核中的一个虚拟化模块，分为两个部分，Kvm.ko 和 Kvm-intel.ko（或 Kvm-amd.ko）。KVM 为公用框架部分，Kvm-intel 为体系结构相关部分。KVM 提供/dev/kvm 接口，供用户态的 QEMU 访问，实现虚拟机创建、vCPU 管理等接口。KVM 内核模块主要完成 CPU root 和 Non-root 运行模式的切换、内存映射管理、关键指令模拟等操作。

Virtio 提供了通用的虚拟化接口，相对于完全模拟硬件，Virtio 的接口更加简单，因此性能相对通用硬件来说也好一些。Virtio 提供了 Virtio_net、Virtio_blk，实现网卡和磁盘的模拟。

KVM 所支持的功能包括：

（1）支持 CPU 和 Memory 超分（Overcommit）；

（2）支持半虚拟化 I/O（Virtio）；

（3）支持热插拔（CPU、块设备、网络设备等）；

（4）支持对称多处理（Symmetric Multi-Processing，SMP）；

（5）支持实时迁移（Live Migration）；

（6）支持 PCI 设备直接分配和单根 I/O 虚拟化（Single Root I/O Virtualization，SR-IOV）；

（7）支持内核同页合并（Kernel Samepage Merging，KSM）；

（8）支持非一致存储访问结构（Non-Uniform Memory Access，NUMA）。

Q31. KVM、QEMU 与 Libvirt 的区别是什么？

KVM 的全称为 Kernel-based Virtual Machine，意为基于内核的虚拟机。狭义的 KVM 指的是一个嵌入 Linux Kernel 中的虚拟化功能模块，该功能模块在利用 Linux Kernel 所提供的部分操作系统能力，如任务调度、内存管理及硬件设备交互的基础上，为其加入了虚拟化能力，使得 Linux Kernel 具有成为 Hypervisor（虚拟化管理软件）的条件。简而言之，KVM 为 Linux 提供了硬件辅助虚拟化的能力，这依赖 CPU 的硬件虚拟机支撑。KVM 内核模块本身只能提供 CPU 和内存的虚拟化。KVM 需要在具备 Intel VT 或 AMD-V 功能的 x86 平台上运行，所以 KVM 也被称为硬件辅助的虚拟化实现。KVM 包含一个提供给 CPU 的底层虚拟化可加载核心模块。但是，一般所说的 KVM 是广义的 KVM，即一套 Linux

虚拟化解决方案。由于 KVM 内核模块本身只能提供 CPU 和内存的虚拟化，所以 KVM 需要一些额外的虚拟化技术组件来为虚拟机提供网卡、I/O 总线、显卡等硬件的虚拟化实现，最终变成我们所使用的 Linux 虚拟化解决方案。

QEMU 是一个广泛使用的开源计算机仿真器和虚拟机，它本质上也是一项虚拟化技术。QEMU 作为一个独立的 Hypervisor（不同于 KVM 需要嵌入 Linux Kernel 中），能在应用程序的层面上运行虚拟机，同时支持兼容 Xen/KVM 模式下的虚拟化。当 QEMU 运行的虚拟机架构与物理机架构相同时，建议使用 KVM 模式下的 QEMU，即 KVM+QEMU，此时 QEMU 可以利用 Qemu-kvm 加速模块，为物理机和虚拟机提供更好的性能。当 QEMU 作为仿真器时，QEMU 通过动态转化技术（模拟）为 GuestOS 模拟出 CPU 和其他硬件资源，让 GuestOS 认为自身直接在与硬件交互。QEMU 将这些交互指令转译给真正的物理硬件之后，再由物理硬件执行相应的操作。由于 GuestOS 的指令都需要经过 QEMU 的模拟，因而相对于虚拟机来说其性能较差。

Libvirt 是目前使用最为广泛的异构虚拟化管理工具及 API，Libvirt 由应用程序编程接口库、Libvirtd 守护进程、Virsh CLI 组成。其中，Libvirtd 守护进程负责调度管理虚拟机，其可以分为 root 权限的 Libvirtd 和普通用户权限的 Libvirtd 两种。前者权限更大，可以虚拟出物理机的各种设备。Libvirt 本质上是一些所提供的库函数（C 语言），用于管理物理机的虚拟机。它引用了面向驱动的架构设计，对所有的虚拟化技术都提供了相应的驱动和统一的接口，所以 Libvirt 支持异构的虚拟化技术。另外，Libvirt 提供了多种语言的编程接口，可以通过程序调用这些编程接口来实现对虚拟机的操作。由此可见，Libvirt 具有非常强的可扩展性，OpenStack 与 Libvirt 的联系就相当密切。在 KVM 中，可以使用 Virsh CLI 调用 Libvirtd 守护进程，Libvirtd 守护进程再通过调用 Qemu-kvm 加速模块来操作虚拟机。

KVM 和 QEMU 是两种虚拟化解决方案。KVM 负责 CPU 虚拟化+内存虚拟化，但不能模拟其他设备；QEMU 可以模拟 I/O 设备（网卡、磁盘）。KVM 加上 QEMU 之后就能实现真正意义上的服务器虚拟化，因为实际上一般会同时应用 KVM 和 QEMU 技术，所以一般都称为 Qemu-kvm。

Libvirt 则调用 KVM 虚拟化技术的接口用于管理，用 Libvirt 管理更方便，直接用 Qemu-kvm 加速模块的接口较为烦琐。

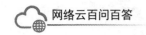

Q32. OpenStack 的身份管理有哪些？区别在哪里？

OpenStack Identity，项目代号 Keystone，是 OpenStack 默认的身份管理系统。在 Identity 安装完成后，使用/etc/keystone/keystone.conf 配置文件来配置，使用独立配置文件配置日志，使用 Keystone 命令行客户端来初始化身份数据。

OpenStack 的身份服务有两个主要功能：用户管理记录用户及其权限；服务目录提供可用服务及该服务 API 的终端地址。

身份服务定义了一些非常值得理解的概念。

1．用户（User）

使用 OpenStack 云服务的人、系统、服务的数字表示。身份验证服务验证用户传入的请求。用户登录可能被赋予访问资源的令牌。用户可能直接被指定给一个特定租户，好像用户在这个租户中一样。

2．认证信息（Credentials）

用户持有的一般只有该用户知道的数据。用户能够使用这个数据来证明自己的身份（因为没有其他人知道这个数据），数据包括：

（1）配对的用户名和密码；

（2）配对的用户名和 API Key；

（3）用户和有用户本人照片的驾驶证；

（4）颁发给用户不被其他人知道的令牌。

3．认证（Authentication）

在认证服务背景下，认证是确认用户身份和请求正确性的动作。身份服务确认传入的请求来自有请求权限的用户。这些请求最初以一系列验证信息的形式出现（用户名和密码，或者用户名和 API Key）。经过初始验证后，身份服务会颁发给用户一个令牌，在后续请求时用户可以用这个令牌说明其身份已经经过认证。

4．令牌（Token）

令牌是用来访问资源的任意比特的文本。每个令牌都有一个访问范围。令牌可以在任意时间收回，仅在一个有限的时间内有效。在 Folsom 版本中，身份服务支持基于令牌的认证，未来将会支持额外的协议。令牌的首要目的是集成服务，而不是一定要成为一个成熟的身份存储和管理方案。

5. 租户（Tenant）

租户是用来分组或隔离资源和（或）身份对象的容器。根据服务运营商，租户可以映射成一个客户、账户、组织或项目。

6. 服务（Service）

服务是一个 OpenStack 服务，如计算（Nova）、对象存储（Swift）或镜像服务（Glance）。服务提供一个或多个用户可以访问资源和执行（可能有用的）操作的端点。

7. 端点（Endpoint）

端点是一个可通过网络访问的服务地址，通常使用 URL 描述。如果使用扩展，可以创建端点模板，它代表了所有可跨区域访问的服务。

8. 角色（Role）

角色是可执行一系列特定操作的用户特性，包括一系列权利和特权。用户可继承其所属角色的权利和特权。在身份服务中，颁发给用户的令牌包括用户能承担的角色列表。这个用户调用的服务决定他们怎样解释这个用户所属的角色，以及每个角色授予访问的操作和资源。

其中，用户、租户、角色是用户身份管理的三个主要概念。

Q33. OpenStack 主要组件及其基本功能有哪些？

中国移动网络云是一种新型电信网络架构，通过虚拟化（以 OpenStack 作为 VIM）、云计算、网络功能虚拟化（NFV）等技术实现电信业务云化，基于智能化的管理编排系统（MANO）实现电信业务资源在资源池云内按需部署、灵活调度。

OpenStack 是一个分布式系统，由若干个不同功能的节点（Node）组成。控制节点管理 OpenStack，其上运行的服务有 Keystone、Glance、Horizon，以及 Nova 和 Neutron 中与管理相关的组件。控制节点也运行支持 OpenStack 的服务，如 SQL 数据库、消息队列和网络时间服务 NTP。网络节点上运行的服务为 Neutron，为 OpenStack 提供 L2 级、L3 级网络。存储节点提供块存储（Cinder）或对象存储（Swift）服务。计算节点上运行 Hypervisor（KVM）、Nova-compute 等服务，同时运行 Neutron 服务的 Agent，为虚拟机提供网络支持。

OpenStack 的主要组件如图 Q33-1 所示。

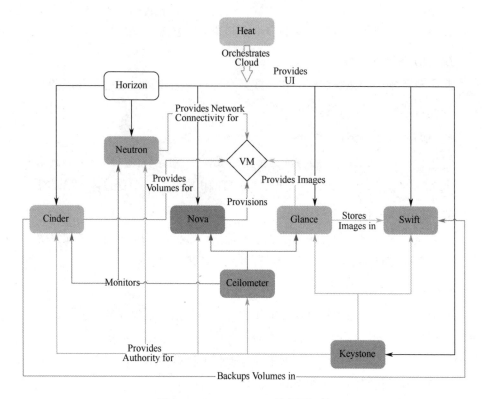

图 Q33-1　OpenStack 的主要组件

1．Nova

Nova 计算组织控制器、管理云中实例的生命周期，管理计算资源、网络、认证所需的可扩展性平台。

2．Neutron

Neutron 提供网络服务，用户可以创建自己的网络、控制网络流量，也可以控制服务器和设备连接到一个至多个网络。

3．Glance

Glance 为 Nova 提供镜像服务，提供快照镜像备份，不负责镜像本地存储。

4．Cinder

Cinder 为 VM 实例提供发 Volume 卷的块存储服务，作为本地存储，可以同时挂载在多个实例上，共享的卷同时只能被一个实例进行写操作，其余的卷只能进行读操作。

5．Swift

Swift 为高可用分布式对象存储；为 Nova 组件提供 VM 镜像存储；适用于互联网应用场景下非结构化的数据存储。

6．Keystone

Keystone 负责身份验证，其他服务对其进行认证，实现服务的相互调用。

7．Ceilometer

Ceilometer 用于计量和监控，可以收集云计算中不同服务的统计信息，提供对物理资源和虚拟资源的监控。

8．Horizon

Horizon 为控制台服务，提供了以 Web 形式对所有节点的所有服务的管理，为管理员提供了一个图形化的接口。它可以访问和管理基于云计算的资源，如计算、存储、网络等。

9．Heat

Heat 是基于模板的编排服务，提供了基于模板来实现云环境中资源的初始化、依赖关系处理、部署等基本操作，也可以提供自动收缩、负载均衡等高级特性。

Q34. 虚拟机迁移的方式有哪些？有什么优缺点？

OpenStack 虚拟机迁移分为热迁移和冷迁移两种方式。热迁移和冷迁移的优缺点对比如表 Q34-1 所示。

表 Q34-1　热迁移和冷迁移的优缺点对比

迁移方式	优　　点	缺　　点
热迁移	软件和硬件系统的维护升级，不会影响用户的关键服务，提高了服务的高可用性和用户的满意度	过程不可中断，操作复杂
冷迁移	虚拟机不需要位于共享存储器上，数据丢失率小	需要关闭虚拟机，会使业务中断

1．冷迁移

冷迁移（Cold Migration）也称为静态迁移，即对虚拟机进行关机、迁移。通过冷迁移，可以选择将关联的磁盘从一个数据存储移动到另一个数据存储。冷迁移会中断虚拟机业务。冷迁移在执行时会先关闭虚拟机，然后在目标主机重建网络、存储资源，并拉起虚拟机，该操作会中断虚拟机业务。该操作既替换了 I 类资源，又将 GuestOS 重新初始化。冷迁移不会导致 MAC 地址、IP 等的变化。

2. 热迁移

热迁移（Live Migration）又称为动态迁移、实时迁移，通常将整台虚拟机的运行状态完整保存下来，可以快速地恢复到原有硬件平台，甚至是不同的硬件平台上。恢复以后，虚拟机仍然平滑运行，用户不会察觉到任何差异。

Q35. 什么是虚拟机动态迁移？

在服务器虚拟化后，一台物理服务器可以通过虚拟化软件分出多台虚拟机，虚拟机从一台物理服务器到另一台物理服务器的搬家过程就是虚拟机迁移。

虚拟机动态迁移，就是在保证虚拟机上服务正常运行的同时，完成虚拟机迁移。对最终用户来说，该迁移是无感知的，管理员能够在不影响用户正常使用的情况下，灵活地调整服务器资源，或者对故障的物理服务器进行维修和升级。

当前，虚拟机动态迁移变得常态化，在迁移时若想要实现业务不中断，就必须在虚拟机迁移时做到虚拟机的 IP 地址不变，运行状态也必须保持原状，所以虚拟机的动态迁移只能在同一个二层域中进行。要想实现跨网络动态迁移就必须实现两个网络之间"二层互通"，以实现虚拟机的大范围无障碍迁移（见图 Q35-1）。

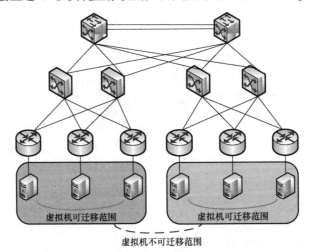

图 Q35-1　虚拟机迁移

2.4　操作系统

Q36. 什么是 Linux 文件系统?

和 DOS 等操作系统不同,Linux 操作系统中单独的文件系统并不是由驱动器号或驱动器名称(如 A: 或 C: 等)来标识的。相反,和 UNIX 操作系统一样,Linux 操作系统将独立的文件系统组合成一个层次化的树形结构,并且由一个单独的实体代表这一文件系统。如图 Q36-1 所示是 Linux 操作系统的文件系统架构。Linux 操作系统将新的文件系统通过一个被称为"挂装"或"挂上"的操作将其挂装到某个目录上,从而让不同的文件系统结合成为一个整体。Linux 操作系统的一个重要特点是,它支持许多不同类型的文件系统。Linux 操作系统中最普遍使用的文件系统是 Ext2,它也是 Linux 土生土长的文件系统。但是,Linux 操作系统也能支持 FAT、VFAT、FAT32、MINIX 等不同类型的文件系统,从而可以方便地和其他操作系统交换数据。Linux 操作系统支持许多不同的文件系统,并且将它们组织成一个统一的虚拟文件系统。

虚拟文件系统(Virtual File System,VFS)隐藏了各种硬件的具体细节,将文件系统操作和不同文件系统的具体实现细节分离开来,为所有的设备提供了统一的接口,VFS 提供了数十种不同的文件系统。虚拟文件系统可以分为逻辑文件系统和设备驱动程序。逻辑文件系统指 Linux 所支持的文件系统,如 Ext2、FAT 等;设备驱动程序是指为每种硬件控制器所编写的设备驱动程序模块。虚拟文件系统(VFS)是 Linux 内核中非常有用的一个方面,因为它为文件系统提供了一个通用的抽象接口。VFS 在 SCI 和内核所支持的文件系统之间提供了一个交换层,即 VFS 在用户和文件系统之间提供了一个交换层。

Q37. Linux 文件权限及类型有哪些?

一、Linux 文件权限

1. 普通文件权限

文件权限 r、w、x 分别对应读、写、执行。root 用户无论目录权限及文件权限如何,都具有所有权限。

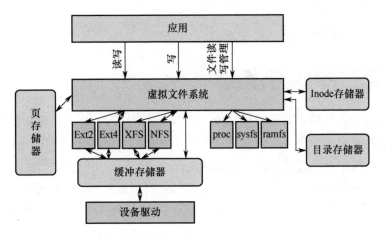

图 Q36-1　Linux 操作系统的文件系统架构

2. 目录权限

r 代表读取目录中的内容；w 代表删除、修改目录中文件名的权限（必须配合 x 执行才可以）；x 代表能否进入目录里面去，能否 cat 目录内文件。如果去掉目录的 r 权限，则不能列出目录文件（也不能进行文件名补齐），其他操作包括进入目录，创建、删除、重命名文件，访问目录内文件等操作不受影响；去掉 w 权限，则不能创建、删除、重命名目录内文件，其他操作不受影响。Linux 操作系统下文件访问命令如图 Q37-1 所示。

图 Q37-1　Linux 操作系统下文件访问命令

二、Linux 文件类型

-为普通文件，d 为目录文件，l 为链接文件，b 为设备文件，c 为字符设备文件，p 为管道文件。

Q38. Windows 与 Linux 目录挂载的区别是什么？

Windows 与 Linux 目录挂载的比较如表 Q38-1 所示。

表 Q38-1 Windows 与 Linux 目录挂载的比较

区 别	Windows	Linux
挂载的概念	操作系统盘符与磁盘分区建立联系的过程，挂载类型为全自动	同样是操作系统盘符与磁盘分区建立联系的过程
挂载点	与硬盘分区建立联系的系统盘符称为"挂载点"，如 C、D、E、F、G、H、I、J、K 等都是挂载点	与硬盘分区建立联系的系统盘符称为"挂载点"，如/、boot、movie 等系统盘符都是挂载点
根目录	有多个根目录，各个挂载点都是一个根目录	只有一个根目录，就是"/"，其他目录都是它的子目录
磁盘占用	各系统盘符下的文件占据自己对应系统盘符的空间	文件会占据其上边与其相邻最近挂载点对应分区的空间
挂载类型	全自动	自动或手动

Q39. Linux 中的用户模式和内核模式有什么含义？

在 Linux 操作系统中，CPU 的运行有 Kernel Mode 和 User Mode 两种。

在 Kernel Mode（内核模式）下，代码具有对硬件的所有控制权限，可以执行所有 CPU 指令，可以访问任意地址的内存。内核模式是为操作系统底层、最可信的函数服务的。在内核模式下的任何异常都是灾难性的，将会导致整台机器停机。

在 User Mode（用户模式）下，代码没有对硬件的直接控制权限，也不能直接访问地址的内存。程序是通过调用系统接口（System APIs）来访问硬件和内存的。在这种保护模式下，即使程序发生崩溃也是可以恢复的。大部分应用程序都是在用户模式下运行的。

从 Intel 80386 开始，基于对安全性和稳定性的考虑，CPU 可以运行在 Ring 0～Ring 3 共四个不同的权限级别，也对数据提供相应的四个保护级别。CPU 运行权限如图 Q39-1 所示。

Linux 主要利用了其中的两个运行级别：0 级（内核）和 3 级（用户程序），CPU 可以在这两个运行级别之间进行切换。例如，用户运行一个程序，该程序所创建的进程开始运行在用户模式的 Ring 3，若要执行文件读写、网络数据发送等操作，则需要通过 Write、Send 等系统调用指令调用内核中的代码来完成，这时就需要切换到内核模式的 Ring 0，进入 3～4GB 中的内核地址空间去执行这些代码，操作完成后切换回 Ring 3，回到用户模式。这样，用户模式的程序就不能随意操作内核地址空间了，具有一定的安全保护作用。

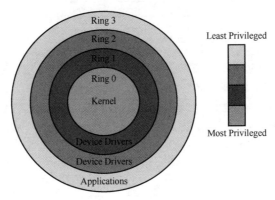

图 Q39-1　CPU 运行权限

2.5　安全设备

Q40. 网络云安全设备部署情况如何？其功能有哪些？

网络云安全设备部署位置及功能如表 Q40-1 所示。

表 Q40-1　网络云安全设备部署位置及功能

设备类型	部署位置		安全隔离功能
	资源池	位　置	
EPC 防火墙	非 SDN 组网架构可信资源池、SDN 组网架构 I 类资源池	EPC 防火墙串联在 EOR 配对路由器 /SDN GW 和 CMNET 接入路由器之间	EPC 网元与 CMNET 接入路由器之间的流量，通过 EPC 防火墙进行隔离
内层防火墙	含有 DMZ 域的资源池、SDN 组网架构 II 类资源池	内层防火墙旁挂在管理 EOR 和 EOR 配对路由器/SDN GW 上	部署可信区与非可信区之间的内层防火墙，用于 DMZ 域和可信区之间的安全隔离和访问策略控制
外层防火墙	含有 DMZ 域的资源池、SDN 组网架构 II 类资源池	外层防火墙串联在 EOR 配对路由器 /SDN GW 和 CMNET 接入路由器之间	部署非可信区外层防火墙，用于 DMZ 域与 CMNET 接入路由器之间的安全隔离和访问策略控制

续表

设备类型	部署位置		安全隔离功能
	资　源　池	位　　置	
网管防火墙	SDN 组网架构 I 类资源池、SDN 组网架构 II 类资源池（与内层防火墙合设）	网管防火墙旁挂在管理 EOR（I 类资源池）/SDN GW（II 类资源池）	用于资源池内和 IP 承载网之间网管流量的安全隔离
业务&业支防火墙	SDN 组网架构 I 类资源池	在 SDN GW 旁挂业务& 业支防火墙	用于资源池内和 IP 承载网之间业务、业支流量的安全隔离
IPS/IDS	含有 DMZ 域的资源池、SDN 组网架构 I 类/ II 类资源池	采用旁挂的方式连接 EOR 配对路由器/ SDN GW、旁挂在管理 EOR 上（仅 SDN 组网架构 I 类资源池）	入侵检测主要通过部署入侵检测系统弥补防火墙的不足，为网络安全提供实时的入侵检测及采取相应的防护手段，降低网络安全风险。入侵检测系统依照一定的安全策略，对网络、系统的运行状况进行监视，尽可能发现各种攻击企图、攻击行为或者攻击结果，以保证网络系统资源的机密性、完整性和可用性[4]
WAF	含有 DMZ 域的资源池	采用旁挂的方式连接 EOR 配对路由器/SDN GW	WAF 主要针对 Web 应用提供安全防护，将所有 Web 应用相关流量引流至 WAF 设备进行过滤，过滤后回流至 EOR 配对路由器/SDN GW 进行后续路由
抗 DDoS	含有 DMZ 域的资源池、SDN 组网架构 II 类资源池	CMNET 接入路由器通过镜像/采样端口按照一定的策略将入流量送至抗 DDoS	DDoS 攻击指借助客户/服务器技术，将多台计算机联合起来作为攻击平台，对一个或多个目标发动 DoS 攻击，从而成倍地提高拒绝服务攻击的威力 CMNET 接入路由器通过镜像/采样端口按照一定的策略将入流量送至抗 DDoS（Distributed Denial of Service Attack，分布式拒绝服务攻击）检测设备，将检测出来的恶意攻击流量引流至清洗设备进行清洗，清洗后回流至 CMNET 接入路由器进行后续路由

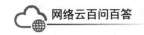

Q41. 网络云安全设备的组网方式是什么?

（一）Ⅰ类资源池安全设备组网

在 SDN 组网Ⅰ类资源池中，安全设备主要涉及网管防火墙、网管 IDS（Instruction Detection System，入侵检测系统）/IPS（Instruction Prevention System，入侵防御系统）、业务&业支防火墙、业务&业支 IDS/IPS、分光器、光放大器、EPC 防火墙等设备。

Ⅰ类资源池安全设备组网架构如图 Q41-1 所示。

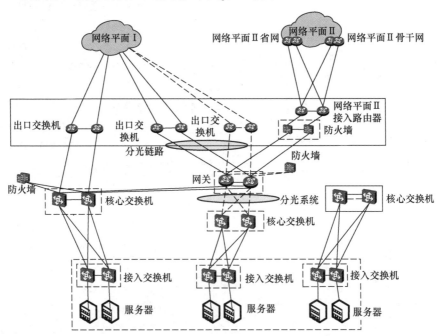

图 Q41-1 Ⅰ类资源池安全设备组网架构

（二）Ⅱ类资源池安全设备组网

在 SDN 组网Ⅱ类资源池中，安全设备主要涉及外层防火墙、内层防火墙、WAF、分光器、光放大器、IDS/IPS、抗 DDoS 等设备。

Ⅱ类资源池安全设备组网架构如图 Q41-2 所示。

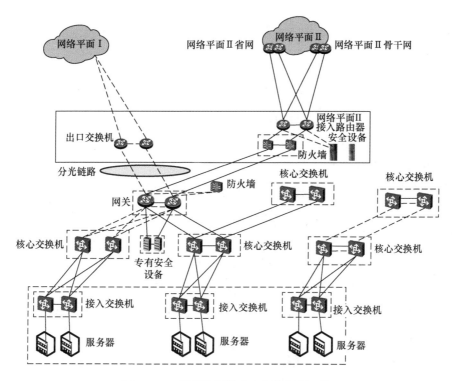

图 Q41-2　Ⅱ类资源池安全设备组网架构

Q42. 网络云安全域功能及划分方案有哪些?

为满足不同应用系统对网络接入的不同安全隔离要求,根据业务系统不同的安全等级,对网络云划分安全域分区,分为可信区和非可信区两个安全域。其中,可信区包含管理域、可信业务域、IP 专网;非可信区包含 DMZ 域、外部互联域。安全域分区是安全域中的逻辑分区,通过防火墙实现不同的安全域隔离。

一、可信区部署

(1)管理域部署 VIM、SDNC(Sofware Define Network-Controller,SDN 控制器)和安全管控前置机等。

(2)Ⅰ类资源池可信业务域部署各类与 CMNET 接入路由器无连接的 VNF,以及与 CMNET 接入路由器有连接但不可通过 CMNET 接入路由器被其他网元/终端直接访问的 VNF(如 EPC)、VNF 的功能模块。

（3）II资源池可信业务域部署各类与 CMNET 接入路由器无连接的管理类网元／系统。

二、非可信区部署

在非可信区部署与 CMNET 接入路由器有连接且面向公网提供服务的 VNF／管理类系统全部或部分功能模块，如固网 SBC、Web Portal、能力开放平台 Portal、彩信中心等。

若网元／系统的部分功能模块在可信区，部分功能模块在非可信区，要求网元支持可信区功能模块和非可信区功能模块之间采用三层互通方式。

可信区和非可信区的计算服务器物理隔离，并划分不同的存储池；不同安全域的计算型服务器、存储型服务器设备所连的 TOR 也独立设置。

外部互联域与非可信区之间需要通过外层防火墙、部署抗 DDoS 的出口路由器等安全设备进行隔离，非可信区与可信区之间需要通过内层防火墙等安全设备进行隔离。

区域互通需要采取安全隔离，具体如下。

1．可信区内安全隔离

网元虚拟化和资源池集中化后，为防止单硬件资源池安全风险扩散至其他硬件资源池，可信区内采取大隔离和小隔离方案。

（1）大隔离：在硬件资源池至 IP 承载网的出口增加防火墙和 IDS/IPS 设备，提供防火墙阻断和 IDS 安全检测的处置方式，防止资源池间安全风险扩散。

（2）小隔离：根据 VNF、管理类系统厂家提供的适当收敛的网元间通信协议类型和端口，进行可信区内的省间访问控制，防止安全风险影响面扩大。

2．VLAN／VxLAN 隔离

VLAN／VxLAN 按照不同安全域分区成段分配，不同安全域分区使用不同的 VLAN／VxLAN 段，每个安全域分区内不同的业务系统使用不同承载网 VPN（Virtual Private Network，虚拟专用网）的业务系统，使用不同的 VRF（Virtual Routing and Forwarding，虚拟路由和转发）隔离，同一个业务系统内的多个网段使用 VLAN／VxLAN 隔离。同一个业务系统内部不同安全域分区的互访需要在防火墙上制定策略允许其互访。

3. VRF 隔离

不同的业务系统或使用不同承载网 VPN 的业务系统之间采用独立 VRF；在一个 VRF 内部，使用 ACL 实现网段间隔离；可信区与 DMZ 区之间通过 VRF 隔离三层流量。

Q43. 网络云常见的网络攻击有哪些？

网络云作为 5G 等主要业务的载体，具有互联网和 IP 承载网出口、内部网络复杂、业务部署集中度高等特点，网络攻击是无法避免的，我们能做的就是重视网络安全防护，提前做好防护措施进行规避，定期做好漏洞扫描等安全巡检工作，避免因攻击造成重大损失，以下为总结的九种常见网络攻击。

一、DDoS 攻击

DDoS 攻击是最常见的一种攻击方式，攻击者通过向某个站点服务器反复发送请求，导致服务器无法承载大量的请求而产生"拒绝服务"，这就导致正常的服务无法进行，影响服务器的使用。

二、暴力破解获取账号和密码

暴力破解获取账号和密码是指，攻击者试图通过反复攻击来发现系统或服务的密码，通常这样的攻击方式非常消耗时间，但目前大多数攻击者使用软件自动执行攻击任务。暴力破解攻击经常被用于对网络服务器等关键资源的窃取，有一定的技术性。一般来说，攻击者会利用程序抓取数据包，获取口令和数据内容，通过侦听程序监视网络数据流，进而通过分析获取用户的登录账号和密码。口令入侵是指，先使用某些合法用户的账号和口令登录目的主机，然后实施攻击活动。这种方法的前提是必须先得到该主机上的某个合法用户的账号，然后进行合法用户口令的破译。

三、SQL 注入

SQL 注入是指，利用后台的漏洞，通过 URL 将关键 SQL 语句代入程序，并在数据库中进行破坏。许多攻击者会使用 F12 或 postman 等拼装 ajax 请求，将非法的数字发送给后台，造成程序的报错，并展现在页面上，这样攻击者就知道后台使用的语言和框架了。

四、恶意小程序

恶意小程序主要是指在计算机上执行恶意任务的病毒、蠕虫、木马等，可以说恶意小程序是最普遍的网络攻击。恶意小程序本身就是一种病毒、蠕虫、后门或漏洞攻击脚本，它通过动态改变攻击代码，以逃避入侵检测系统的特征检测。这类攻击方式主要存在于人们使用的程序中，它们可以通过入侵修改硬盘上的文件、窃取口令等。恶意小程序包括间谍软件、勒索软件、病毒和蠕虫。恶意小程序通常会在用户点击危险链接或邮件附件时通过漏洞侵入网络，而这些链接或附件随后会安装危险的软件。一旦进入系统内部，恶意小程序会执行以下操作：

（1）阻止对网络关键组件的访问，破坏或锁定某些组件或数据，并使系统无法运行及获取信息（勒索软件）；

（2）安装恶意小程序或其他有害软件；

（3）通过从硬盘驱动器传输数据，隐蔽地获取信息（间谍软件）。

五、木马植入

这种攻击方式主要通过向服务器植入木马、开启后门，来获取服务器的控制权，恶意破坏服务器文件或盗取服务器数据。木马病毒常被伪装成工具程序或游戏等诱使用户打开，用户一旦打开这些含有病毒的文件，木马就会潜伏在被攻击的计算机中，并伺机进行攻击。

六、WWW 欺骗

WWW 欺骗是指正在访问的网页已被黑客篡改过，网页上的信息是虚假的。例如，黑客将用户要浏览的网页的 URL 改与为指向黑客自己的服务器，当用户浏览目标网页时，实际上是向黑客服务器发出请求。

七、节点攻击

攻击者在突破一台主机后，往往以此主机作为根据地，攻击其他主机。他们能使用网络监听方法，尝试攻破同一个网络内的其他主机；也能通过 IP 欺骗和主机信任关系，攻击其他主机。

八、网络监听

网络监听是主机的一种工作模式。在这种工作模式下，主机能接收到本网段在同一条物理通道上传输的所有信息，而不管这些信息的发送方和接收方是谁。

九、网络钓鱼

网络钓鱼是当前日益常见的网络威胁，是一种发送欺诈性通信的行为，此类通信往往貌似发自信誉良好的来源，通常是通过电子邮件发送的。网络钓鱼的目的是窃取登录信息等敏感数据，或者在受害者的设备上安装恶意小程序。

Q44. 网络云接入哪些安全管控系统？其功能有哪些？

网络云对接的各类安全系统在资源池的部署情况及网络组织如图 Q44-1 所示。

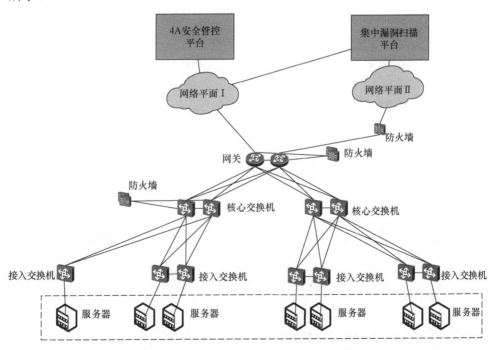

图 Q44-1　各类安全系统在资源池的部署情况及网络组织

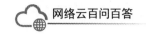

一、4A 接入、合规检查和日志上报

存在人机操作界面的系统，包括所有硬件设备的管理口、MANO、EMS、Host OS、VNF 的网管模块，均需要根据维护界面接入总部、各网络云节点省份和各省份 4A 安全管控系统和合规检查系统，总部和各网络云节点省份 4A 安全管控和合规检查前置机部署在每个资源池的管理域，各省份 4A 安全管控和合规检查前置机部署在各网络云节点省份公司侧。

部分网元（如彩信中心）在 DMZ 区的 Portal 也需要接入 4A 安全管控平台，因此在 DMZ 区为安全管控前置机预留资源。前置机根据维护界面通过 CMNET 接入总部、各网络云节点省份安全管控平台。

所有生成系统日志的模块，包括所有硬件设备的管理口、MANO、EMS、VNF 的网管模块均需要根据维护界面接入总部、各网络云节点省份和各省份日志采集系统，总部和各网络云节点省份日志采集系统前置机部署在每个资源池的管理域，各省份日志采集系统前置机部署在各省份公司侧。

二、系统漏洞扫描

系统漏洞扫描发现操作系统、数据库、中间件等基础软件的漏洞情况，配置扫描任务进行定期扫描，汇总结果并上报高风险漏洞预警等。

系统漏洞扫描引擎部署在每个资源池的管理域、业务域和 DMZ 区。在网元入网和验收测试时对全端口进行扫描；网元在网运行时，通过在管理域部署的系统漏洞扫描引起周期性或按需对网元的管理模块进行扫描，同时周期性或按需对所有硬件设备的管理口、MANO、EMS、HostOS 进行扫描；网元在网运行时，删除业务域和 DMZ 区漏洞扫描引擎上相关业务口扫描数据，关闭对网元业务口的扫描。

三、Web 漏洞扫描

Web 漏洞扫描具有 Web 页面的管理类网元（VIM、VNFM、NFVO+、EMS）、网元的管理模块、组网设备管理口，以及在 DMZ 区中部署的能力开放 Portal 和统一 Centrex 业务平台 Portal 等，它根据管理要求接入安全侧的 Web 漏洞扫描系统，进行监测和防护。Web 漏洞扫描引擎部署在每个资源池的管理域，负责管理类网元、网元的管理模块、组网设备管理口的 Web 漏洞扫描；在 DMZ 区中部署 Web 页面的 Web 漏洞扫描由集中 Web 漏洞扫描系统负责。

四、防病毒系统

资源池内的主机 / 虚拟机安装适配的防病毒软件，具备病毒检测、清除和日志上报功能，接入总部态势感知防护处置平台，实现集中管控。

2.6　数据库

Q45. 什么是数据库？其作用是什么？

数据库是按照数据结构来组织、存储和管理数据的仓库。它是一个长期存储在计算机内的、有组织的、可共享的、统一管理的大量数据的集合。

数据库能完成的工作包括：

（1）存储大量的数据信息，方便用户对数据进行有效检索和访问；

（2）对数据进行排序和保存，并提供快速查询功能；

（3）为应用程序数据共享和安全保障提供支撑；

（4）根据需求，智能地分析和产生用户需要的信息。

数据库访问示意如图 Q45-1 所示。

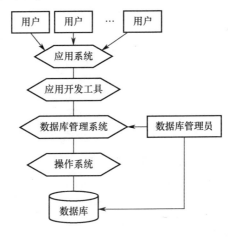

图 Q45-1　数据库访问示意

Q46. 什么是关系型数据库？什么是非关系型数据库？

关系型数据库是采用关系模型来组织数据的数据库。关系模型指的就是二维表格模型，而一个关系型数据库就是由二维表及其之间的联系所组成的一个数据组织。

非关系型数据库是非关系型的、分布式的，并且一般不保证遵循 ACID 原则的数据存储系统。非关系型数据库以键值对存储，并且结构不固定，每个元组可以有不一样的字段，每个元组可以根据需要增加一些自己的键值对，因此可以减少一些时间和空间的开销。

Q47. 常见的开源关系型数据库和开源非关系型数据库有哪些?

一、常见的开源关系型数据库

（一）MySQL

MySQL 是一款安全、跨平台、高效，以及与 PHP、Java 等主流编程语言紧密结合的数据库系统，被广泛地应用在 Internet 上的中小型网站中。MySQL 体积小、速度快、总体拥有成本低，尤其是其开放源码这一特点，使得很多公司都采用 MySQL 以降低成本。

（二）PostgreSQL

PostgreSQL 是一款功能强大的开源对象关系型数据库系统，它使用和扩展了 SQL 语言，并结合了许多安全存储和扩展最复杂数据工作负载的功能。

二、常见的开源非关系型数据库

（一）MongoDB

MongoDB 是由 C++语言编写的，是一款基于分布式文件存储的开源数据库系统，是一个典型的文档型数据库。

（二）Redis

Redis 是完全开源的，遵守 BSD 协议，是一款高性能的 Key-Value 数据库。

（三）Cloudant

Cloudant 是 IBM 的一款分布式数据库软件，其是以 Apache CouchDB 为基础开发的、多租户（Multi-Tenant）的、独立（Dedicated）的、安装（Installed）的服务。

（四）HBase

HBase 是一款开源非关系型分布式数据库，它运行于 HDFS 文件系统之上，为 Hadoop 提供类似 BigTable 规模的服务。

Q48. 常见的国产数据库有哪些？

常见的国产数据库有达梦数据库 DM、金仓数据库 KingBaseES、南大通用数据库 GBase、神通数据库、TiDB、易鲸捷 EsgynDB、巨杉数据库 SequoiaDB、华易数据库 Huayisoft DB、华鼎 Huabase、东方国信 XCloud DB、海量数据 AtlasDB 等。

常见的国产云数据库有腾讯 TDSQL&TBase、华为 GaussDB、百度 TDB、京东云 DRDS、金山 KTS、蚂蚁金服 OceanBase、阿里 PolarDB、浪潮 K-DB、中兴通讯 GoldenDB、新华三 H3C DataEngine、东软 OpenBASE、亚信科技 AntDB、小米 Pegasus、青云 RadonDB 等。

Q49. 网络云中常见的数据库有哪些？其作用是什么？

网络云中常见的数据库有 PostgreSQL、MySQL、MongoDB、MariaDB、GaussDB，其应用如表 Q49-1 所示。

表 Q49-1　网络云中常见的数据库

分类	厂家	数据库类型		
存储设备侧	爱立信	MySQL	MariaDB	
	新华三	PostgreSQL		
	华为	GaussDB		
虚拟层	爱立信	MySQL	MongoDB	MariaDB
	中兴通讯	MySQL		
	华为	MongoDB	GaussDB	
NFVO+	爱立信	PostgreSQL		
	中兴通讯	PostgreSQL		
	华为	GaussDB		

可见，MySQL、GuassDB、MariaDB、PostgreSQL 等关系型数据库一般作为 OpenStack 控制节点的数据库，MongoDB 一般作为 OpenStack 告警汇聚的数据库。

Q50. 数据库索引是什么？如何对其进行维护？

数据库索引是数据库管理系统中一个排序的数据结构，以协助快速查询、更新数据库表中数据。数据库索引是为了提高数据库表的搜索效率而对某些字段中的值建立的目录，它的作用类似于书籍中的目录，用来提高查找信息的速率。

数据库索引创建后，由于数据的增加、删除或修改等操作都会使索引页产生碎块，因此需要对数据库索引进行维护。

一、索引的重建

当发现索引覆盖范围不够，或者存在大量索引碎片，并且影响数据库性能的时候，就需要对索引进行重建。

二、索引的禁用

在很多情况下，数据库在运行很长一段时间之后，会产生坏页的情况。如果发现损坏处于索引项上，则需要禁用索引。

三、索引的删除

长期存在的无用索引会影响数据插入数据库的速率及查询数据的效率，进而影响并发效率。

Q51. SQL 是什么？其发挥什么功能？

SQL（Structured Query Language，结构化查询语言），是具有数据操作和数据定义等多种功能的数据库语言。

SQL 用于管理关系型数据库管理系统（Relational Database Management System，RDBMS）。SQL 的功能包括：创建、删除、修改数据库和表等对象；提供面向数据库的增加、删除、修改、查询功能；设置不同场景的视图；管理用户的操作权限；等等。

　　SQL 提供结构化查询语言作为数据输入与管理的接口，不要求用户指定和了解数据的存储方法，使用户具有访问数据库的能力。数据库访问流程如图 Q51-1 所示。

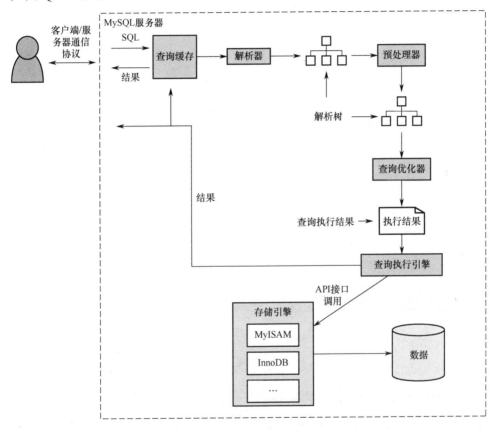

图 Q51-1　数据库访问流程

Q52. 什么是数据库表空间？如何应用数据库表空间？

　　数据库表空间是数据库中最大的逻辑结构。它提供了一套有效组织数据的方法，是组织数据和进行空间分配的逻辑结构，可以将数据库表空间看作数据库对象的容器。在日常运维中，数据库为每个用户分配表空间配额，当表空间不足时需要及时扩容或清理不需要的历史数据。

数据库表空间示意如图 Q52-1 所示。

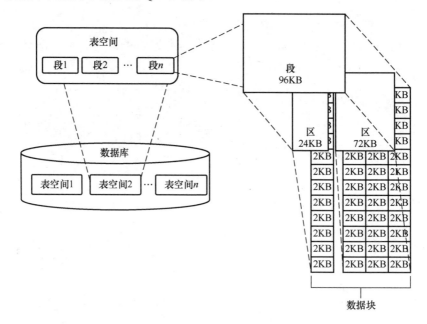

图 Q52-1 数据库表空间示意

Q53. 常见数据库主从架构有哪些？如何搭建？

常见数据库主从架构有三种：Oracle Dataguard、PostgreSQL 异步流复制、MySQL MGR / MHA。

一、Oracle Dataguard 搭建步骤

（1）从库部署 Oracle 数据库软件；

（2）主库配置归档模式和最小附加日志；

（3）主从配置同步规则，涉及参数文件（spfile）、密码文件（orapwsid）、连接串（tnsnames.ora）；

（4）主库 RMAN Duplicate 克隆一个从库；

（5）从库启用 Dataguard 日志应用模式，应用从主库传输过来的 REDO Log 完成数据同步。

二、PostgreSQL 异步流复制搭建步骤

（1）从库部署 PostgreSQL 数据库软件；

（2）主库配置归档模式；

（3）主从配置同步规则，涉及参数文件（postgresql.conf）、密码文件（.pgpass）、访问规则文件（pg_hba.conf）、recovery.conf；

（4）主库 pg_basebackup 克隆一个从库；

（5）重启从库，应用从主库传输过来的 WAL Record 完成数据同步。

三、MySQL MGR 搭建步骤（单主库）

（1）从库部署 MySQL 数据库软件；

（2）主从配置同步规则，涉及参数文件（my.cnf）；

（3）主从安装 MGR 插件；

（4）主从配置复制账号；

（5）主库启动 MGR；

（6）从库加入 MGR，应用从主库传输过来的 Binlog 完成数据同步。

Q54. 主流数据库 MySQL、Oracle、MongoDB、GuassDB 的特点是什么？

一、MySQL

MySQL 原本是一个开放源代码的关系型数据库管理系统，使用 C 语言和 C++语言编写，后被甲骨文公司（Oracle）收购，成为 Oracle 旗下产品。MySQL 性能高、成本低、可靠性好，已经成为最流行的开源数据库，因此被广泛地应用在 Internet 上的中小型网站中。MySQL 是最流行的关系型数据库管理系统之一，在 Web 应用方面，MySQL 是最好的 RDBMS 应用软件之一。

二、Oracle

Oracle 是甲骨文公司的一款关系型数据库管理系统，是在数据库领域一直处于领先地位的产品。其系统可移植性好、使用方便、功能强，适用于各类大、中、小、微机环境。Oracle 是一款效率高、可靠性好、适应高吞吐量的数据库系统。

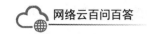

三、MongoDB

MongoDB 是一款基于分布式文件存储的数据库，使用 C++语言编写，旨在为 Web 应用提供可扩展的高性能数据存储解决方案。MongoDB 是一款介于关系型数据库和非关系型数据库之间的产品，是非关系型数据库中功能最丰富，也最像关系型数据库的数据库。MongoDB 支持的数据结构非常松散，是类似 JSON（Java Script Object Notation）的 BSON（Binary Serialized Document Format）格式，因此可以存储比较复杂的数据类型。MongoDB 最大的特点是支持的查询语言非常强大，其语法有点类似于面向对象的查询语言，几乎可以实现类似关系型数据库单表查询的绝大部分功能，并且可以支持对数据建立索引。MongoDB 使用内存映射文件，32 位系统上限制大小为 2GB 的数据（64 位系统支持更大的数据量）。

四、GaussDB

GaussDB 是一款开源关系型数据库管理系统，采用木兰宽松许可证 v2 发行。GaussDB 内核源自 PostgreSQL，具有多核高性能、全链路安全性、智能运维等企业级特性。OpenGauss 内核早期源自开源数据库 PostgreSQL，融合了华为在数据库领域多年的内核经验，在架构、事务、存储引擎、优化器及 ARM 架构上进行了适配和优化。

Q55. 数据库的 REDO 日志有什么作用？

REDO 日志也被称为重做日志，是记录数据库中改变操作的一种文件，一旦掉电或数据丢失，就可以通过 REDO 日志进行实例恢复，还可以通过 REDO 日志进行挖掘，以分析数据库中的操作行为。

REDO 日志可以分为两种类型：物理 REDO 日志、逻辑 REDO 日志。REDO 日志也可以分为两个部分：一是内存中重做日志缓冲（REDO Log Buffer），是易丢失的，保存在内存中；二是重做日志文件（REDO Log File），是持久的，保存在磁盘中。

Q56. 阿里云提供了哪些数据库服务？各自有什么特点？

阿里云提供的云数据库 RDS（ApsaraDB for RDS）是一种稳定可靠、可弹性伸缩的在线数据库服务。RDS 基于飞天分布式系统和全 SSD 盘高性能存储，提供 MySQL、PostgreSQL、SQL Server、MongoDB、Memcache（Redis）等不同的数据库产品。相对于云服务器，云数据库属于非必需品，因为用户完全可以在云服务器上搭建数据库。基于自身业务发展需要，用户需要将数据库独立出来，这时候就需要云数据库了。

云数据库提供高可用、高可靠、高安全、可扩展的托管数据库服务，其性能等同于商业数据库性能，但是价格比自建数据库价格低，移动云也可以提供云数据库服务。

 ## 2.7　中间件

Q57. 网络云常用的中间件有哪些？

网络云常见的中间件包括：

（1）RabbitMQ，提供消息队列服务，网络云使用消息队列协调操作和各服务的状态信息。

（2）Nginx，实现负载均衡功能。

（3）Tomcat，是 Web 应用服务器，可用于部署 SDN 控制器。

（4）Apache HTTP Server，是 Web 服务器端软件，可用于部署 Keystone 组件。

（5）Haproxy，实现服务高可用。

Q58. RabbitMQ 的优缺点有哪些？在日常运维中常见的问题与处理措施是什么？

RabbitMQ 在 OpenStack 中的位置如图 Q58-1 所示。

一、RabbitMQ 的优点

（1）应用解耦，提高系统的容错率和可维护性。

（2）异步提速，提升用户体验和系统吞吐量。

（3）削峰填谷，提高系统稳定性。

二、RabbitMQ 的缺点

（1）系统可用性降低，系统引入的外部依赖越多，系统稳定性越差。

（2）系统复杂度提高，通过 MQ 进行异步调用，影响消息传递的顺序。

（3）消息数据处理存在一致性问题。

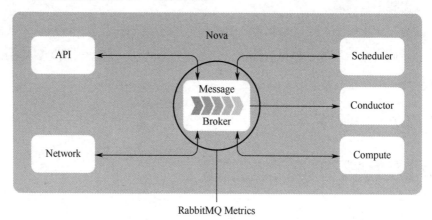

图 Q58-1　RabbitMQ 在 OpenStack 中的位置

三、日常运维常见问题

（一）如何保证消息尽量发送成功

问题描述：如果没有启动消费者，就重启了 RabbitMQ 服务，则队列和消息会丢失。

解决方案：针对这个问题，有以下几种机制可以解决。

（1）生产者确认。

（2）持久化。

（3）手动 ACK。

（二）如何进行消息持久化

所谓持久化，就是 RabbitMQ 将内存中的数据（如交换机、队列、消息等）固化到磁盘，以防止在异常情况发生时数据丢失。

RabbitMQ 持久化分为：

（1）交换机持久化；

（2）队列持久化；

（3）消息持久化。

（三）如何保证消息被正确消费

为了保证消息被消费者成功消费，RabbitMQ 提供了消息确认机制，主要通过显示 ACK 模式来实现。在默认情况下，RabbitMQ 会自动把发送出去的消息置为确认，然后从内存（或磁盘）中删除。

Q59. HAProxy 是什么？其负载均衡类型有哪些？

HAProxy 是一款使用 C 语言编写的、自由的、开放的源代码软件，它可以提供高可用性、负载均衡，以及基于 TCP 和 HTTP 的应用程序代理。

其负载均衡类型如下。

（1）无负载均衡：无负载均衡是没有负载均衡的简单 Web 应用程序环境。

（2）四层负载均衡：四层负载均衡是将网络流量负载均衡到多个服务器的最简单方法，它使用第四层（传输层）负载均衡。四层负载均衡根据 IP 范围和端口转发用户流量。

（3）七层负载均衡：七层负载均衡是更复杂的负载均衡网络流量的方法，它使用第七层（应用层）负载均衡。使用第七层允许负载均衡器根据用户请求的内容将请求转发到不同的后端服务器。

Q60. 什么是 Redis 缓存穿透？如何避免？

产生缓存穿透的原因可能是外部的恶意攻击。例如，对用户信息进行了缓存，但恶意攻击者使用不存在的用户 ID 频繁请求接口，导致查询缓存不命中，然后穿透 DB 查询仍然不命中，这时会有大量请求穿透缓存访问 DB。缓存穿透示意如图 Q60-1 所示。

缓存穿透的避免办法如下。

（1）对不存在的 Key，在缓存中保存一个空对象进行标记，防止相同 ID 再次访问 DB。不过有时候这种方法并不能很好地解决问题，可能导致缓存中存储大量无用数据。

（2）使用 BloomFilter。BloomFilter 的特点是存在性检测，其非常适合解决缓存穿透问题。如果 BloomFilter 中不存在，那么数据一定不存在，过滤 100%准确；但是，BloomFilter 对存在数据的过滤有一定的误报率。

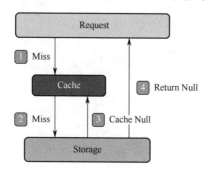

图 Q60-1 缓存穿透示意

Q61. LVS 常见的调度算法有哪些?

Linux 虚拟服务器（Linux Virtual Server，LVS）是一个虚拟的服务器集群系统，主要用于多服务器的负载均衡。LVS 工作在网络层，可以实现高性能、高可用的服务器集群技术。LVS 体系结构如图 Q61-1 所示。

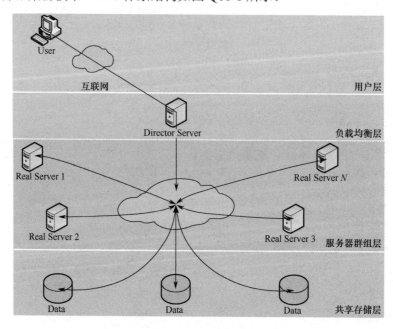

图 Q61-1 LVS 体系结构

LVS 常见的调度算法包括：

（1）轮询调度（Round-Robin Scheduling）；

（2）加权轮询调度（Weighted Round-Robin Scheduling）；

（3）最少连接调度（Least-Connection Scheduling）；

（4）加权最少连接调度（Weighted Least-Connection Scheduling）；

（5）基于局部性的最少链接（Locality-Based Least-Connection Scheduling）；

（6）带复制的基于局部性最少链接（Locality-Based Least-Connection with Replication Scheduling）；

（7）目标地址散列调度（Destination Hashing Scheduling）；

（8）源地址散列调度（Source Hashing Scheduling）。

Q62. Kafka Follower 如何与 Leader 同步数据？

Kafka 的复制机制既不是完全的同步复制，也不是单纯的异步复制。完全同步复制要求 All Alive Follower 都复制完，这条消息才会被认为 Commit，这种复制方式极大地影响了吞吐率。在异步复制方式下，Follower 异步从 Leader 复制数据，数据只要被 Leader 写入 Log 就被认为已经 Commit，在这种情况下，如果 Leader 挂掉，会丢失数据，Kafka 使用 ISR 的方式很好地平衡了确保数据不丢失和吞吐率。Follower 可以批量从 Leader 复制数据，而且 Leader 充分利用磁盘顺序读及 Send File（Zero Copy）机制，这样极大地提高了复制性能，实现内部批量写磁盘，大幅减小了 Follower 与 Leader 的消息量差。

Q63. Nginx 有哪些应用场景？

Nginx 的应用场景主要有四种，具体如下。

一、Web 服务器

Nginx 是一个 Web 服务器，可以独立提供 Web 服务，也可以作为网页静态服务器。

二、虚拟主机

虚拟主机可以实现在一台服务器上虚拟出多个网站，如个人网站使用的虚拟机。

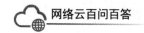

三、反向代理，负载均衡

当网站的访问量达到一定程度后，单台服务器不能满足用户的请求，需要用多台服务器构成的集群，这时可以使用 Nginx 进行反向代理。另外，多台服务器可以平均分担负载，不会出现某台服务器负载高导致宕机，而另一台服务器闲置的情况。

四、配置安全管理

可以使用 Nginx 搭建 API 接口网关，对每个接口服务进行拦截。

Q64. ZooKeeper 怎么保证主从节点的状态同步？

ZooKeeper 的核心是原子广播，这个机制保证了各 Server 之间的同步。实现这个机制的协议被称为 Zab 协议。Zab 协议有两种模式，分别是恢复模式（选主）和广播模式（同步）。当服务启动或者在 Leader 崩溃后，Zab 就进入恢复模式；在领导者被选举出来，并且大多数 Server 完成了和 Leader 的状态同步之后，恢复模式就结束了。状态同步保证了 Leader 和 Server 具有相同的系统状态。

Q65. Kafka 中的 ZooKeeper 有什么作用？

一、Broker 注册

Broker 分布式部署，并且相互独立，但是有一个注册系统就能够将整个集群中的 Broker 管理起来，此时就使用了 ZooKeeper。在 ZooKeeper 上会有一个专门用来进行 Broker 服务器列表记录的节点/brokers/ids。每个 Broker 在启动时，都会到 ZooKeeper 上进行注册，即到/brokers/ids 下创建属于自己的节点。

二、Topic 注册

在 Kafka 中，同一个 Topic 消息会被分成多个分区信息，并将其分布在多个 Broker 上，这些分区信息及其与 Broker 的对应关系也都是由 ZooKeeper 维护的，并由专门的节点来记录。

三、生产者负载均衡

由于同一个 Topic 消息会被分成多个分区信息，并将其分布在多个 Broker 上，因此生产者需要将消息合理地发送到这些分布式的 Broker 上。那么，如何实现生产者的负载均衡？Kafka 支持传统的四层负载均衡，也支持以 ZooKeeper 方式实现负载均衡。

四、消费者负载均衡

与生产者类似，Kafka 中的消费者同样需要进行负载均衡，以使多个消费者合理地从对应的 Broker 服务器上接收消息，每个消费者分组包含若干个消费者，每条消息都只会发送给消费者分组中的一个消费者，不同的消费者分组消费自己特定的 Topic 消息，互不干扰。

早期版本的 Kafka 用 ZooKeeper 管理 meta 信息存储、Consumer 的消费状态、Group 及 Offset 的值。考虑 ZooKeeper 本身的一些因素，以及整个架构较大概率存在单点问题，新版本的 Kafaka 中逐渐弱化了 ZooKeeper 的作用。新的 Consumer 使用了 Kafka 内部的 Group Coordination 协议，也减小了对 ZooKeeper 的依赖。

第 *3* 章　云网络运维

3.1　VxLAN

Q66. 什么是 VxLAN？

VxLAN（Virtual eXtensible Local Area Network，虚拟扩展局域网），是由 IETF（The Internet Engineering Task Force，国际互联网工程任务组）定义的 NVo3（Network Virtualization over Layer 3）标准技术之一，是对传统 VLAN 协议的一种扩展。VxLAN 的特点是将 L2 网络的以太帧封装到 UDP 报文（L2 over L4）中，并在 L3 网络中传输。

VxLAN 本质上是一种隧道技术（见图 Q66-1），在源网络设备与目的网络设备之间的 IP 网络上建立一条逻辑隧道，将用户侧报文经过特定的封装后通过这条隧道转发。其主要原理是，引入一个 UDP 格式的外层隧道作为数据链路层，而原有数据报文内容作为隧道净荷加以传输。由于外层隧道将 UDP 作为传输手段，所以净荷数据可以轻松地在二层、三层网络中传送。从用户的角度来看，接入网络的服务器就像连接到了一个虚拟的二层交换机的不同端口上（可以把框内表示的数据中心 VxLAN 看成一个二层虚拟交换机），通信更加便利。

人规模云计算数据中心虚拟化出现后，虚拟机在线迁移要求提供一个无障碍接入的网络。另外，数据中心规模越庞大，租户数量增加越多，需要网络提供的隔离海量租户的能力越强，VxLAN 可以满足上述两个关键需求。

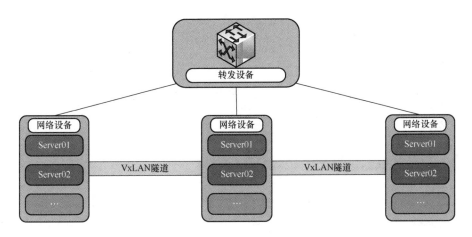

图 Q66-1　VxLAN 隧道

Q67. VxLAN 与 VLAN 相比有哪些优点?

相对于 VLAN，VxLAN 具备以下优点（见表 Q67-1）。

表 Q67-1　VxLAN 相对 VLAN 的优点

维　　度	VxLAN	VLAN	对　比
虚拟化规格	VNI：最多 16000000 个租户	VLAN ID：最多 4094 个租户	VxLAN 规模更大
运维效率	Underlay 一次配置后，只需要配置隧道的两端	逐网络节点配置	VxLAN 配置更简单
转发速率	Overlay 网络利用水平分割破坏，利用 IP 路由 SPF 及 ECMP 等价路径负载均衡，链路利用率高	部署 STP 协议破坏阻塞一般链路	VxLAN 高效转发，链路全利用
收敛速度	全网拓扑毫秒收敛	几秒到几分钟收敛	VxLAN 收敛速度快

1. 扩充了二层网段的数量

VxLAN 技术的 24 位 VNI 标识符提供多达 16000000 个 VxLAN 网段，远比 VLAN 的 4094 个多，可以满足数据中心多租户的网段分隔需求。

2. 优化低延时交换

在传统网络中，数据包需要按照树状拓扑进行转发，提供了一个次优的路径，并且增大了交换的延时。在 VxLAN 中，数据交换就像在一个大的二层交换

机内部转发一样高效，并能实现多路径负载 ECMP。

3．优化网络操作

由于 VxLAN 在标准的第三层 IP 网络上运行，因此不再需要构建和管理庞大的第二层基础传输层。

Q68. 什么是"同一大二层域"？

"二层域"类似于传统网络中的 VLAN（虚拟局域网）。服务器迁移到其他"二层域"，需要变更 IP 地址，TCP 连接等运行状态也会中断，原来这台服务器所承载的业务也会随之中断，其他业务相关的服务器也要变更配置，影响范围比较大。

因此，连接在不同 VTEP 上的 VM 之间如果有"大二层"域内互通的需求，要突破物理上的界限，实现"大二层"网络中 VM 之间的通信，两个 VTEP 之间就需要建立 VxLAN 隧道，同一个"大二层"域内的 VTEP 之间也需要建立 VxLAN 隧道。为了实现虚拟机的大范围，甚至跨地域的动态迁移，必须要把 VM 迁移可能涉及的服务器都纳入同一个"二层域"，这样才能实现 VM 的大范围无障碍迁移。一般来说，一个"大二层"域内至少要能容纳 10000 台主机，才能称为"大二层"网络。

VTEP 设备会生成 BD 与 VNI 的映射关系表。该映射关系表可以通过命令行查看，如图 Q68-1 所示。查看映射关系表，进入 VTEP 的报文就可以根据所属 BD 确定报文在进行 VxLAN 封装时所添加的 VNI 标识。

```
<NFV-D-HBBAD-RT-01>disp vxlan vni
Number of vxlan vni : 128
VNI              BD-ID              State
----------------------------------------
4115             4158               up
4117             4163               up
```

图 Q68-1　映射关系表

Q69. 为什么采用 VxLAN 作为 Overlay 网络技术?

虚拟机数量的快速增加与虚拟机迁移业务的日趋频繁，给传统的"二层+三层"数据中心网络带来了新的挑战。VxLAN 技术是 Overlay 网络技术的一种实现，可以解决虚拟机规模受网络设备表项规格的限制、传统网络的隔离能力有限、虚拟机迁移范围受限等问题。

　　VxLAN 包格式如图 Q69-1 所示。VxLAN 包最大支持 16000000 个逻辑网络。将虚拟网络的数据帧添加 VxLAN 首部后，封装在物理网络中的 UDP 报文中；然后以传统网络的通信方式传送该 UDP 报文；到达目的主机后，去掉物理网络中 UDP 报文的头部信息和 VxLAN 首部，将报文交付给目的终端。在整个通信过程中，目的终端不会感知到物理网络的存在。

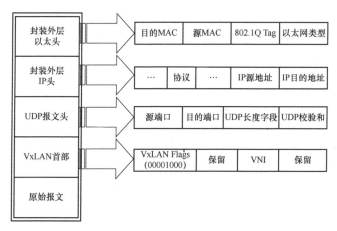

图 Q69-1　VxLAN 包格式

Q70. VxLAN 网关有哪些种类？

一、VxLAN 二层网关与三层网关

　　在 VxLAN 中，不同 VNI 之间的主机，以及 VxLAN 和非 VxLAN 中的主机之间是不能直接相互通信的，因此引入了 VxLAN 网关的概念。VxLAN 网关分为二层网关和三层网关。

1. VxLAN 二层网关

VxLAN 二层网关用于终端接入 VxLAN，也可以用于同一个 VxLAN 的子网通信。

2. VxLAN 三层网关

VxLAN 三层网关用于 VxLAN 中跨子网通信及访问外部网络。

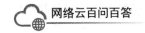

二、VxLAN 集中式网关与分布式网关

当虚拟机访问其他子网时，需要给该虚拟机生成一个网关，一般有集中式网关和分布式网关两种方式。

1. VxLAN 集中式网关

所有"大二层"虚拟机的网关都是由 Leaf 设备担任的（见图 Q70-1）。

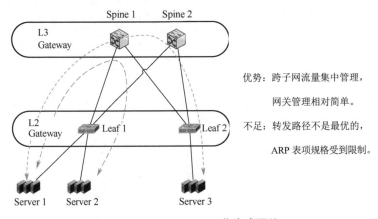

优势：跨子网流量集中管理，网关管理相对简单。

不足：转发路径不是最优的，ARP 表项规格受到限制。

图 Q70-1　VxLAN 集中式网关

2. VxLAN 分布式网关

在"Spine-Leaf"组网下，将 Leaf 节点作为 VxLAN 隧道端点 VTEP，每个 Leaf 节点都可以作为 VxLAN 三层网关（也可以作为 VxLAN 二层网关），Spine 节点不感知 VxLAN 隧道，只是报文的转发节点（见图 Q70-2）。

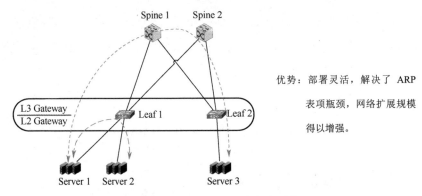

优势：部署灵活，解决了 ARP 表项瓶颈，网络扩展规模得以增强。

图 Q70-2　VxLAN 分布式网关

Q71. 什么是 VxLAN 中的 VTEP 和 VNI?

两台服务器之间通过 VxLAN 进行通信,VxLAN 在两个 VTEP 之间建立了一条虚拟隧道。以 TOR 为 VTEP 举例,TOR 将服务器发出的原始数据帧外层采用 MAC-in-UDP 作为报文封装模式,原始数据可以轻松地在二层、三层网络中传送。在到达目的服务器所连接的 TOR 交换机后,数据离开 VxLAN 隧道,原始数据帧被恢复出来,并被继续转发给目的服务器。VxLAN 隧道如图 Q71-1 所示。

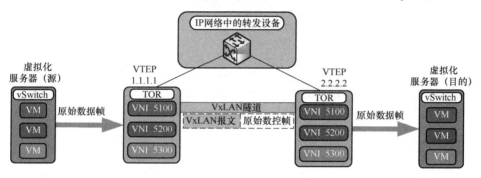

图 Q71-1　VxLAN 隧道

VTEP（VxLAN Tunnel Endpoints,VxLAN 隧道端点）是 VxLAN 网络的边缘设备,是 VxLAN 隧道的起点和终点,VxLAN 对用户原始数据帧的封装和解封装均在 VTEP 上进行。

VTEP 可以在虚拟交换机、物理交换机或物理服务器上通过软件或硬件实现。源服务器发出的原始数据帧,在 VTEP 上被封装成 VxLAN 格式的报文,在 IP 网络中被传递到另一个 VTEP 上,并经过解封装还原出原始数据帧,最后转发给目的服务器。

VNI（VxLAN Network Identifier,VxLAN 网络标识符）,是一种类似于 VLAN ID 的用户标识,一个 VNI 代表了一个“大二层”网络,属于不同 VNI 的虚拟机之间不能直接进行二层通信。VNI 由 24 比特组成,支持多达 16000000 个租户。在分布式网关部署场景下,VNI 分为二层 VNI 和三层 VNI。

二层 VNI 是普通的 VNI,以 1∶1 方式映射到广播域 BD（Bridge Domain,桥域）,实现 VxLAN 报文同子网的转发。

三层 VNI 和 VPN 实例进行关联,用于 VxLAN 报文跨子网的转发。

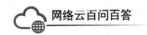

Q72. 为什么 EVPN 提高了 VxLAN 效率?

EVPN（Ethernet Virtual Private Network，以太网虚拟专用网）是一种二层 VPN 技术。该技术借助 BGP 协议实现了路由传递，通过在 VTEP 之间交换 BGP EVPN 路由实现 VTEP 的自动发现、隧道的动态建立与维护，可以看作 VxLAN 的控制层面，控制 VxLAN 隧道的生成，使得 VxLAN 隧道的建立更加灵活。

EVPN 技术继承了 MP-BGP 和 VxLAN 的优势，被广泛应用于 VxLAN 分布式网关场景下的主机路由传递。EVPN 和 VPLS 的技术对比如表 Q72-1 所示。

表 Q72-1 EVPN 和 VPLS 的技术对比

VPLS 的局限性	EVPN 的优势
站点之间必须是 MPLS 网络 配置复杂，维护工作量大 控制平面通过泛洪建立，效率低，浪费带宽	配置简单，通过 MP-BGP 实现 VTEP 自动发现，VxLAN 隧道自动建立 转控分离 支持多归属，提高带宽利用率

Q73. 为什么需要 VxLAN 提供隔离海量租户的能力?

在传统的 VLAN 中，标准定义所支持的可用 VLAN 租户数量只有 4094 个。随着虚拟化数据中心的出现，一台物理服务器虚拟出多台虚拟机，每台虚拟机都有独立的 IP 地址和 MAC 地址，相当于接入数据中心的服务器扩大了 N 倍。现有 VLAN 数量已不能满足数据中心"大二层"中标识的租户需求了。

在 VxLAN 首部中引入了类似 VLAN ID 的网络标识，称为 VxLAN 网络标识符（VxLAN Network Identifier，VNI），由 24 比特组成，理论上可支持多达 16000000 个 VxLAN 段，从而满足了大规模不同网络之间的标识、隔离需求，让云数据中心容纳上万个甚至更多个租户成为可能。

Q74. 哪些 VTEP 之间需要建立 VxLAN 隧道?

一条 VxLAN 隧道是由两个 VTEP 来确定建立的。数据中心网络中存在很多个 VTEP。通过 VxLAN 隧道,"二层域"可以突破物理上的界限,实现"大二层"网络中 VM 之间的通信。所以,连接在不同 VTEP 上的 VM 之间如果有"大二层"互通的需求,这两个 VTEP 之间就需要建立 VxLAN 隧道。换言之,同一个"大二层"域内的 VTEP 之间都需要建立 VxLAN 隧道,如图 Q74-1 所示。

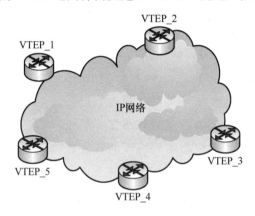

图 Q74-1 同一个"大二层"域内的 VTEP 之间建立的 VxLAN 隧道

若 VTEP_1 连接的 VM、VTEP_2 连接的 VM,以及 VTEP_3 连接的 VM 之间需要"大二层"互通,那么 VTEP_1、VTEP_2 和 VTEP_3 之间就需要两两建立 VxLAN 隧道。

3.2 SDN/NFV

Q75. 什么是 NFV?

NFV(Network Function Virtualization,网络功能虚拟化),通过使用数据中心的 x86 服务器等通用性硬件及虚拟化技术,将传统电信业务部署到数据中心的虚拟机上,各网元之间共享数据中心的计算、存储和网络资源,大大提高了资源的利用率。

中国移动 NFV 集中网络云 NFV/SDN 资源池商用部署硬件采用机架式服务器、分布式块存储方案,资源池采用 NFV/SDN 组网方式。通过软硬件解耦及功能抽象,使业务功能不再依赖专用硬件,数据中心的资源可以充分灵活共享,实现新业务的快速开发和部署，并基于实际业务需求自动部署、弹性伸缩、故障隔离和自愈等。

Q76. 什么是 SDN？

SDN（Software Defined Networking，软件定义网络），是一种新型的网络架构。SDN 可使网络的控制平面与数据转发平面得以分离，通过集中控制器中的软件平台实现可编程化控制底层硬件，以按需灵活地调配网络资源。在 SDN 中，网络设备只负责单纯的数据转发，可以采用通用硬件；而负责控制的操作系统转化为独立的网络操作系统，负责对不同特性的业务进行适配，并且网络操作系统和不同特性的业务，以及硬件设备之间的通信都可以通过编程来实现。

在中国移动网络云资源池中，VIM 协同 SDN 控制器实现路由控制，以及网络管理的集中化、自动化、智能化。SDN 控制器北向对接 VIM 获取资源池网络配置需求，南向对接转发设备实现网络配置的下发。

Q77. NFV 和 SDN 的本质区别是什么？

SDN 是面向网络的，其本质是把网络软件化，提高网络可编程能力和易修改性。SDN 始终没有改变网络的基本功能，仅重构了网络架构。

NFV 是面向网元的，其本质是把昂贵的专业硬件设备安装变成虚拟化设备部署，共享数据中心的硬件基础设施。NFV 没有改变网元的功能，只是改变了网元的部署形态。

总体来说，NFV 和 SDN 的结合实现了未来云数据中心的业务自动化部署功能。NFV 和 SDN 功能相互独立、相互补充，NFV 可以通过 SDN 来实现网络功能自动部署，SDN 可以部署 NFV 的网络功能或专用硬件的网络功能。

Q78. NFV 网络系统功能模块包括哪些？

网络系统是 NFV 资源池中负责网络连接的实体，为同一台服务器虚拟机与虚拟机之间、服务器与服务器之间（不同服务器虚拟机之间）、服务器与存储系统之间、服务器与管理体系之间（虚拟机与管理体系之间）、存储系统与管理体系之间、虚拟机/服务器/管理体系与外部网络之间提供了网络连接。NFV 网络系统包括如下组成部分。

虚拟交换机（vSwitch）：宿主机操作系统上安装的软件模块，实现本宿主机上虚拟机之间，以及虚拟机与网卡之间的通信。

接入交换机（TOR）：负责接入各类服务器和存储设备。

核心交换机（EOR）：负责汇聚接入交换机的流量。

SDN 网关：对内完成与资源池内核心层交换设备的互联，对外完成与外网设备的高速互联。

出口路由器：用于连通资源池与 IP 专网和 CMNET，接入规则参考《中国移动站点技术体制》。

此外，根据安全需求可设置防火墙（含安全控制器），根据业务需求可设置负载均衡器、抗 DDoS 系统、WAF、IPS/IDS。

Q79. SDN 有哪些基本特性？

与传统网络相比，SDN 使得多种类网络设备可以更灵活地组网、集中配置和控制，上层业务可以根据业务需求动态地调整网络配置，更好地满足业务部署要求。具体来说，SDN 的基本特征主要有以下三点。

1. 控制平面与转发平面分离

转发平面由受控转发的设备组成，转发方式及业务逻辑由运行在分离出去的控制平面上的控制应用控制，摆脱了传统通信设备软硬件紧耦合、封闭的束缚，使得单一控制平面控制多种类硬件设备成为可能。

2. 控制平面与转发平面之间的开放接口

SDN 为控制平面提供开放可编程接口，通过这种方式，解决了过去网络静态配置、与业务没有直接关联、无法根据上层业务需求动态调整的不足。控制应用只需要关注自身逻辑，而不需要关注底层更多的实现细节。

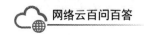

3. 逻辑上的集中控制

逻辑上的集中控制平面可以控制多个转发平面设备，也就是控制整个物理网络，因而掌握了全局拓扑和全局网络运行状态信息。根据该全局网络运行状态视图可实现对网络的优化控制。

Q80. SDN 的网络架构是什么？

传统的 IP 网络具有转发平面、控制平面和管理平面，SDN 的网络架构同样包含这三个平面，只是传统的 IP 网络是分布式控制的，而 SDN 的网络架构是集中控制的，如图 Q80-1 所示。SDN 是对传统网络架构的一次重构，使其由原来分布式控制的网络架构重构为集中控制的网络架构。

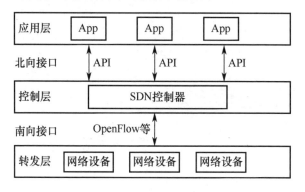

图 Q80-1　SDN 的网络架构

一、应用层

应用层主要是体现用户意图的各种上层应用程序，此类应用程序称为协同层应用程序，典型的应用包括 OSS（Operation Support System，运营支撑系统）、OpenStack 等。

二、控制层

控制层是系统的控制中心，负责网络的内部交换路径和边界业务路由的生成，并负责处理网络状态变化事件。

三、转发层

转发层主要由转发器和连接器的线路构成基础转发网络。转发层负责执行用户数据的转发，在转发过程中所需要的转发表项是由控制层生成的。

四、北向接口

北向接口是应用层和控制层通信的接口，应用层通过控制开放的 API 控制设备的转发功能。

五、南向接口

南向接口是控制层和转发层通信的接口，控制器通过 OpenFlow 或其他协议下发流表。

3.3 接口协议

Q81. 网络云三层网络分别部署的协议是什么？其作用有哪些？

网络云 SDN 网络模型包含三层网络，分是 Underlay 网络、Overlay 网络、Servicelay 网络。

一、Underlay 网络

Underlay 网络以 IP 互通为目标，用于承载上层隧道转发的物理网络，并采用 IP 转发，因此需要学习设备之间的互联接口和链路信息，这部分路由为链路路由。网络部署采用 IGP 协议较多（OSPF 协议或 IS-IS 协议），有的大型数据中心也采用 BGP 协议。

二、Overlay 网络

Overlay 网络建立在 Underlay 网络之上，使用 Underlay 网络传输报文，以各租户的二层网络互通为目标。转发平面传输协议使用 VxLAN 协议，控制平面协议主要使用 BGP-EVPN 协议。

以 VxLAN 为例，控制平面的 BGP-EVPN 协议和转发平面的 VxLAN 协议，为

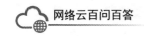

服务器/VM 提供隔离的二层、三层链路，需要构建从 Leaf/vSwitch 到 SDN GW 之间的隧道，并且需要学习 VM 的 IP/MAC 路由信息。

三、Servicelay 网络

Servicelay 网络包括具体承载业务的网元，如 VNF、SDN GW 内的 VRF（VPN 实例区分），以及它们之间传递的路由，主要是 UE、业务节点等业务直接相关路由信息。

由于对 Underlay 网络和 Overlay 网络无感知，路由型网元采用 BGP 协议对外宣告业务路由，主机型网元以直连路由对外宣告业务路由。因为 VM 内装载了核心网的 VNF，对于路由型 VNF，其业务路由也需要向外部发布，所以此时在 SDN GW 和 VNF 之间建立 EBGP 邻居，来动态地发布路由型 VNF 的业务路由。

Q82. 什么是 REST 及其关键元素？

REST 即 Representational State Transfer（资源）表现层状态转移，通俗来讲就是资源在网络中以某种表现形式进行状态转移。分开来说，REST 架构的关键元素有资源、表现层、状态转移。

1. Resource（资源，即数据）

一个资源可以被定义为一个概念映射到一组实体或值。资源的定义是一种类型的对象对应的相关数据，以及与其他资源的关系和一组对应的操作方法。可以命名的任何信息都可以是一个资源。

2. Representational（表现层）

表现层是一段对于资源在某个特定时刻的状态的描述，可以在客户端—服务器端之间转移（交换）。资源的表述有多种格式，如 JSON、XML、JPEG 等。

3. State Transfer（状态转移）

REST 描述了一个架构样式的网络系统，指的是一组架构约束条件和原则，通过 HTTP 动词实现，在服务器端和客户端之间转移代表资源状态的表述，使用转移和操作资源的表述来间接实现操作资源的目的。

Q83. SDN 中 RESTful 是如何应用的?

RESTful 指的是满足某些约束条件和原则的应用程序或设计，通常用于指代实现此类体系结构的 Web 服务。

在 SDN 中，协议按照功能可以分为控制层协议与应用层协议两种。以 SDN 控制器为界限，SDN 控制器接口按照可编程接口的层级可以分为南向接口和北向接口。SDN 控制器北向接口使用 RESTful 协议，具有开放的 API、设备私有接口，如图 Q83-1 所示。

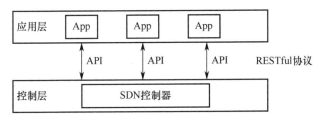

图 Q83-1　RESTful 协议在 SDN 中的应用

Q84. 什么是 NETCONF?

NETCONF 是软件定义网络的控制和管理协议，是 IETF 开发和标准化的网络管理协议，用来替代简单的网络管理协议、命令行界面及其他专有配置机制。可以使用 NETCONF 将需要配置的数据写入指定设备，也可以从指定设备中检索数据。所使用的数据可以通过 SSL 或传输层安全传输及调用。

1. NETCONF 将网络模型的数据分为两类

（1）状态数据：Server（设备）的属性数据和当前运行状态数据等，这类数据仅能查询。

（2）配置数据：由用户配置到设备上的数据。

2. NETCONF 将协议划分为四层

（1）传输层。

传输层为 NETCONF Manager 和 NETCONF Agent 之间的交互提供通信路

径。NETCONF 可以使用任何符合基本要求的传输层协议承载。

（2）RPC 层。

RPC 层提供了一种简单的、不依赖传输协议的 RPC 请求和响应机制。

（3）操作层。

操作层定义了一系列在 RPC 中应用的基本操作，这些基本操作构成了 NETCONF 的基本能力。

（4）内容层。

内容层描述了网络管理涉及的配置数据，而这些配置数据依赖各制造商设备。

Q85. SDN 中 NETCONF 是如何应用的？

在 SDN 中，使用 NETCONF 可以实现网管对控制器的管理［北向 API（Application Programming Interface）］，但是无法登录转发器实现对转发器的配置和管理。通过 NETCONF 南向 API，可以解决这一问题。SDN 控制器是整个流量智能调控方案的核心，在网管和 SDN 控制器之间运行 NETCONF，运用 XML 格式的 RPC 报文，网管可以登录 SDN 控制器并进行数据配置。通过在控制器和转发器之间运行 NETCONF 南向 API 功能，可以登录转发器并进行数据配置。

控制器和转发器通过 NETCONF 南向 API 建立连接的过程如下。

（1）在控制器上先使能 NETCONF 功能，配置对端转发器的 IP 地址、端口号、登录用户名和密码、连接状态等信息。

（2）控制器向转发器发送<rpc>请求报文，请求建立 NETCONF 连接。请求报文中携带目的转发器的 IP 地址。

（3）转发器收到控制器的请求后，检查报文中的 IP 地址是否是自己的 IP 地址。如果是自己的 IP 地址，就向控制器发送<rpc>响应报文，连接建立。

Q86. OpenFlow 的架构是什么？

OpenFlow 是数据链路层的一种通信协议，三层架构是 ONF 定义的 SDN 主流技术架构，南向接口控制层与转发层主流协议多采用 OpenFlow 协议，应用层对网络进行了虚拟化，控制层对网络层转发进行集中控制，对转发平面进行了标准化，OpenFlow 交换机进行转发层的转发。

OpenFlow 分层架构涉及不同层次之间的信息沟通，根据用途其划分为三种消息类型，每种消息类型又有多个子类型。

1. Controller-to-Switch

控制器发起，用于管理和检查交互状态，具体消息名称包括 Features、Configuration、Modify-State、Read-State、Packet-Out、Barrier、Role-Request、Asynchronous-Configuration 等。

2. Asynchronous

交换机发起，将网络事件和交换机状态改变信息更新到控制器，具体消息名称包括 Packet-In、Flow-Removed、Port-Status、Error 等。

3. Symmetric

交换机和控制器均可发起，具体消息名称包括 Hello、Echo、Experimenter 等。

Q87. OpenFlow 是如何工作的？

OpenFlow 的设计目标之一就是将网络设备的控制功能与转发功能进行分离，在 OpenFlow 交换机运行过程中，其数据转发的依据是流表。流表格式如图 Q87-1 所示。

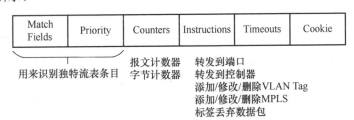

图 Q87-1　流表格式

一、OpenFlow 通道建立过程

在控制器和转发器上完成 OpenFlow 连接参数配置，控制器和转发器建立 TCP 连接。控制器和交换模块相互发 Hello 报文，进行通道协商。控制器

和交换模块互发 Echo 报文检测对端设备的状态。连续发送失败或没有收到 Reply 消息，则判定对端故障断开 OpenFlow 连接，如果期间收到其他报文则重新计时。

二、OpenFlow 交换机端口上报信息

控制器会主动向转发器查询端口信息。转发器先完成批量上报端口信息，然后随时上报端口变化信息。

在传统网络设备中，数据转发依靠二层 MAC 地址转发表或者三层 IP 地址路由表，OpenFlow 交换机中使用的流表也是如此，但在其表项中又整合了网络中各个层次的配置信息，因此在进行数据转发时的规则更多。

三、OpenFlow 流表下发至转发器

控制器通过 Flow-Mod 消息向转发器下发流表信息：流表就是 OpenFlow 交换机的数据转发的依据。MAC 寻址、交换机进行 IP 寻址、传输层查找端口号等内容抽象成一个流，使网络设备可以统一地看待这些数据分组。OpenFlow 流表的表项中整合了网络中各个层次的配置信息。控制器通过私有扩展的 Experimenter 携带 FES 消息格式的私有流表到转发器，私有流表中包含的是 VxLAN 业务相关的 FES 表项信息。

Q88. OVS 主要包含哪几个基本组件？

OVS（OpenSwitch）包含三个重要的组件，即 Ovsdb-server、Ovs-vswitchd、OVS Kernel Module。

1. Ovsdb-server

Ovsdb-server 是 OVS 的数据库服务进程，用于存储虚拟交换机的配置信息（如网桥、端口等），为控制器和 Ovs-vswitchd 提供 OVSDB（Open vSwitch Database，开源虚拟交换机数据库）操作接口。

2. Ovs-vswitchd

Ovs-vswitchd 是 OVS 的核心组件，负责保存和管理控制器下发的所有流表，为 OVS 的内核模块提供流表查询功能，并为控制器提供 OpenFlow 协议的操作接口。

3. OVS Kernel Module

OVS Kernel Module 缓存某些常用流表，并负责数据包转发。当遇到无法匹配的报文时，该模块将向 Ovs-vswitchd 发送 Pack-In 请求，获取报文处理指令。

Q89. 在 SDN 中 OVSDB 是如何应用的？

OVS 是开源软交换机，是虚拟化环境下的 vSwitch（虚拟交换机）。OVSDB 管理协议（Open vSwitch Database Management Protocol，开放虚拟交换机数据库管理协议）起初由 VMware 公司提出，是 SDN 环境下的一种管理协议。其主要管理对象是 OVSDB 数据库，OVSDB 管理协议提供了 OVSDB 数据库的可编程入口。OVSDB 数据库是 OVS 的唯一数据库，而 OVSDB 管理协议也是 OVS 在管理层的唯一协议。

在 SDN 中，协议按照功能可以分为管理层协议与控制层协议两种。OpenFlow 协议一般作为控制层的南向接口协议，OVSDB 管理协议一般作为管理层的南向接口协议。OVS 通常作为 OVSDB 服务端；控制器通常作为 OVSDB 客户端，负责给 OVSDB 服务端下发配置信息，并从 OVSDB 服务端收集信息（见图 Q89-1）。

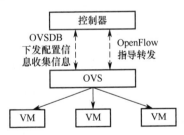

图 Q89-1　在 SDN 环境下 OVSDB 的应用

Q90. 什么是 SNMP 及封装？

SNMP（Simple Network Management Protocol，简单网络管理协议）是一种广泛使用的标准网络管理协议，主要用来收集、管理、修改设备信息。SNMP 可以看作 TCP/IP 协议族的一部分，SNMP 消息被封装为 UDP 报文在网络中传输，如图 Q90-1 所示。SNMP 由管理站与代理端通过 MIB 进行接口统一，MIB 中定义了被管理对象。代理端和管理站都实现了相应的 MIB 对象，使双方可正确识别对方数据，以便实现正常通信。

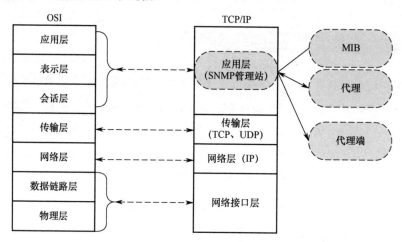

图 Q90-1　SNMP 及封装

SNMP 协议的版本包括 SNMPv1、SNMPv2c、SNMPv3。

SNMPv1 和 SNMPv2c 都使用基于共同体名的认证，但是 SNMP 消息未采用加密传输，因此在认证和私有性方面缺乏安全保障。

SNMPv3 定义了包含 SNMPv1、SNMPv2c 所有功能在内的体系框架，以及包含验证服务和加密服务在内的全新安全机制。其安全性主要体现在数据安全和访问控制方面，并能提供消息级的数据安全。

第4章 云平台支撑

4.1 平台管理

Q91. 什么是 VIM、PIM？

一、VIM

VIM（Virtualized Infrastructure Management），是虚拟化基础设施管理系统，主要负责基础设施层虚拟资源的管理、监控和故障上报，面向上层 VNFM 和 NFVO+提供虚拟化资源池。另外，VIM 提供虚拟机镜像管理功能，不同厂商的 VIM 组件可能不同。

二、PIM

PIM（Physical Infrastructure Management），也称为物理基础设施管理器，对计算服务器、存储服务器、TOR、EOR、EOR 配对路由器、内层防火墙、出口层的组网设备（IP 承载网 CE、CMNET 接入路由器等），以及安全设备（外层防火墙、EPC 防火墙、IDS/IPS、抗 DDoS 攻击系统、WAF 等）进行监控与管理，硬件管理信息由 PIM 上报至 NFVO+。

除非在描述方面进行了专门区分，否则在一般情况下 VIM 的概念包含了 PIM。

VIM、PIM 在网管中的位置如图 Q91-1 所示。

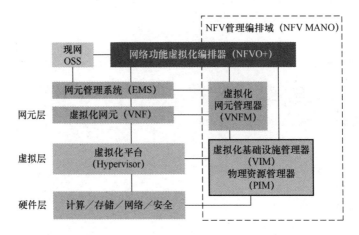

图 Q91-1　VIM、PIM 在网管中的位置

Q92. VIM、PIM 对网络云设备纳管流程是什么?

一、VIM 纳管计算节点流程

（1）服务器 PXE 网卡自动上报 MAC 地址给 VIM;

（2）VIM 通过 DHCP（Dynamic Host Configuration Protocol，动态主机配置协议）给服务器 PXE 网卡配置 IP 地址;

（3）服务器 PXE 网卡 IP 地址配置完成;

（4）VIM 下发 HostOS 安装包给服务器;

（5）服务器进行 HostOS 安装;

（6）HostOS 安装完成;

（7）VIM 将计算节点纳入管理。

二、PIM 纳管存储、服务器、网络流程

（1）在存储侧创建 USM 用户，配置 SNMP Trap 参数，Trap 地址设置为 PIM 地址;在 PIM 侧添加存储设备基本信息、RESTful 协议参数、告警上报 SNMPv3 协议参数。

（2）在服务器 BMC 配置对接相关的用户、SNMP、IPMI、SNMP Trap 等参数;在 PIM 中配置对接参数，包括基本信息、SNMPv3 协议参数、Redfish 协议参数。

（3）在网络设备侧配置对接相关的用户、SNMP、SNMP Trap、STelnet（ssh）等参数；在 PIM 侧添加 SNMPv3 协议参数。

Q93. VIM、PIM 指标订阅管理过程是什么？

根据厂商具体实现的不同，VIM 和 PIM 可以合设，也可以分设。当合设时，VIM 和 PIM 在 Keystone 里是一个 Endpoint；当分设时，VIM 和 PIM 在 Keystone 里是两个不同的 Endpoint。

一、创建订阅

为了接收 VIM/PIM 的配置管理信息、告警信息和性能信息，NFVO+需要到 VIM、PIM 创建订阅流程，如图 Q93-1 所示。

流程说明：

（1）NFVO+向 VIM、PIM 发送 C7: CreateSubscription 请求，请求中携带 VIM、PIM 向 NFVO+申请 Token 的信息（申请 Token 的 URI 地址、用户名、密码），在向 VIM 发送的请求中，SubType=VIM，在向 PIM 发送的请求中，SubType=PIM；

（2）VIM、PIM 保存 NFVO+的订阅关系；

（3）VIM、PIM 向 NFVO+返回 C7: CreateSubscription 响应。

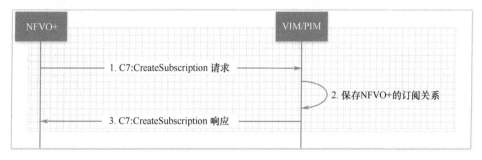

图 Q93-1　创建订阅流程

二、申请 Token

VIM、PIM 需要向 NFVO+申请 Token 授权，如图 Q93-2 所示，并得到不同信息的回调地址。

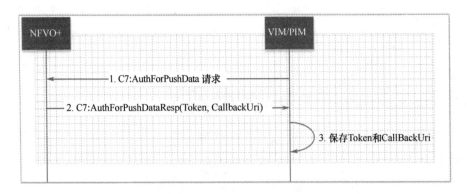

图 Q93-2　申请 Token 流程

流程说明：

（1）VIM、PIM 向 NFVO+发送 C7: AuthForPushData 请求，携带 VIMID 或 PIMID；

（2）NFVO+向 VIM、PIM 返回 C7: AuthForPushData 响应，携带 Token，以及 Token 的有效期、VIMCM、VIMPM、VIMFM、PIMCM、PIMPM、PIMFM 的回调地址 CallBackUri；

（3）VIM、PIM 保存 Token 和各类信息的 CallBackUri。

三、查询订阅

收到 NFVO+的订阅请求后，VIM、PIM 向 NFVO+返回响应，携带订阅信息，如图 Q93-3 所示。

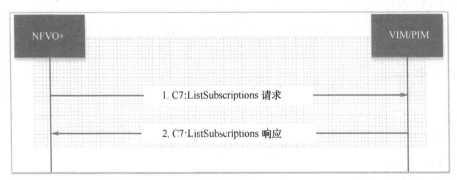

图 Q93-3　查询订阅流程

流程说明：

（1）NFVO+向 VIM、PIM 发送 C7: ListSubscription 请求，在向 VIM 发送的请求中，SubType=VIM，在向 PIM 发送的请求中，SubType=PIM；

（2）VIM、PIM 向 NFVO+返回 C7: ListSubscription 响应，携带订阅信息。

四、删除订阅

收到 NFVO+的删除订阅请求后，VIM、PIM 删除本地保存的订阅关系，如图 Q93-4 所示。

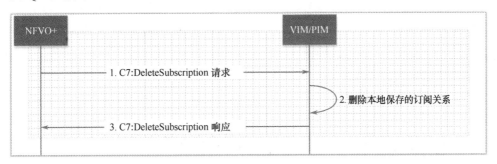

图 Q93-4　删除订阅流程

流程说明：

（1）NFVO+向 VIM、PIM 发送 C7: DeleteSubscription 请求，在向 VIM 发送的请求中，SubType=VIM，在向 PIM 发送的请求中，SubType=PIM；

（2）VIM、PIM 删除本地保存的订阅关系；

（3）VIM、PIM 向 NFVO+返回 C7: DeleteSubscription 响应。

Q94. **网络云告警消息是如何传递到北向 OSS 网管系统的？**

资源池内的虚拟化、存储、网络、主机设备告警全部汇聚到 VIM（含 PIM 功能）或 PIM，VIM、PIM 再上报到网络云节点省份 NFVO+，NFVO+上报到集团 OSS 网管系统，再由 OSS 网管系统根据各节点省份维护职责将相关告警返送给各节点省份 OSS 统采系统（见图 Q94-1）。

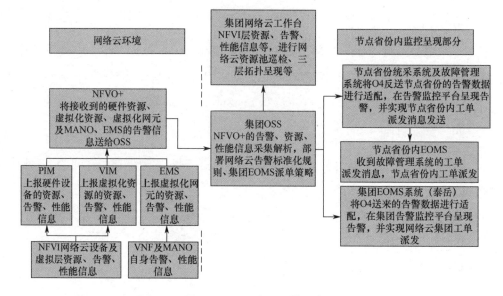

图 Q94-1　网络云网管系统

Q95. 性能、资源、告警数据如何上报到 NFVO+?

虚拟网元层包括 VNF 和网元管理（Operation and Maintenance Center，OMC）。VNF 部署在网络功能虚拟化基础设施（NFV Infrastructure，NFVI）上，实现软件化的电信网元功能。OMC 实现对物理网元和虚拟网元应用层的故障、性能、配置等管理功能，通过北向接口向 OSS 网管和 NFVO+上报 VNF 应用层的告警、配置、性能数据，并能配合 VNFM 实现虚拟化网元的生命周期管理。

网络云资源池 NFVI 层性能、资源、告警信息均通过 VIM 上报到 NFVO+。VIM 北向接口的格式遵循 RESTful API 风格，传输协议采用 HTTP1.1，传输内容须采用 UTF-8 无 BOM 格式编码，并且基于 HTTPS 方式加密访问（三种 URL 均须采用 HTTPS 双向认证）。VIM 北向接口的 Request（请求）和 Response（响应）的消息体须采用 JSON 格式（JavaScript Object Notation，JS 对象简谱）。

一、资源数据上报

除了 VIM 主动上报，NFVO+也有主动发起的全量查询动作：NFVO+创建订阅后，会定期调用 ListResDetails API 接口查询全量资源池配置信息和虚拟机信息。

当 VIM 检测到资源池配置信息有更新时，VIM 通过 PushResPoolInfo API 接口实时主动上报变更内容；当虚拟机信息有更新时，VIM 通过 PushVmChanges 实时主动上报至 NFVO+。如果执行正确，NFVO+返回状态码 201。

二、性能数据上报

VIM 通过 PushMetrics API 定期主动上报主机和虚拟机性能数据至 NFVO+；PIM 通过 PushMetrics API 定期主动上报硬件资源性能数据至 NFVO+。如果执行正确，NFVO+返回状态码 201。

三、告警数据上报

当有新告警时，VIM 通过 PushAlarms API 实时主动上报告警数据至 NFVO+。

特别说明：由于资源数据和性能数据、告警数据是各自独立上报的，当它们所描述的主机或虚拟机信息不一致时，NFVO+主动调用 ListResDetails 接口向 VIM 或 PIM 查询最新的资源（配置）信息。

Q96. 网络云资源数据、性能数据构成及传递流程是什么？

资源数据包括虚拟资源数据和硬件资源数据；性能数据包括网络设备性能数据、服务器性能数据、存储性能数据、虚拟资源性能数据等。

一、虚拟资源性能数据上报流程

（1）NFVO+向 VIM 创建性能指标订阅；

（2）VIM 根据性能测量任务收集虚拟资源的性能数据；

（3）VIM 收到虚拟资源的性能数据后，完成虚拟资源的性能数据管理；

（4）同时，VIM 通过性能测量通知接口，在采集周期结束后，将虚拟资源的性能数据上报给 NFVO+；

（5）NFVO+收到虚拟资源的性能数据后，完成虚拟资源的性能数据管理；

（6）同时，NFVO+向北向接口 OSS 同步虚拟资源的性能数据。

二、物理资源性能数据上报流程

（1）NFVO+向 PIM 创建物理资源性能指标订阅；

（2）PIM 收集物理资源的性能数据；

（3）PIM 收到物理资源的性能数据后，完成物理资源的性能数据管理；

（4）同时，PIM 将物理资源的性能数据传送给 NFVO+；

（5）NFVO+收到物理资源的性能数据后，完成物理资源的性能数据管理；

（6）同时，NFVO+向北向接口 OSS 同步物理资源的性能数据。

Q97. 管理域虚拟机热迁移、冷迁移、重建流程是什么？

一、热迁移步骤

（一）pre_live_migration 阶段（热迁移前的准备阶段）

pre_live_migration 阶段主要在目的计算节点上提前准备虚拟机资源，包括网络资源，例如，建立虚拟机的网卡，然后将网卡加入 vSwitch br-int 网桥。如果该阶段失败，会有回滚操作。

（二）内存迁移阶段

内存迁移阶段完成虚拟机虚拟内存数据的迁移，如果虚拟机的系统盘在本地计算节点，那么系统盘数据也会在此时进行迁移。

（三）post_live_migration 阶段（迁移完成后资源清理阶段）

在 post_live_migration 阶段，计算节点断开本节点上虚拟机的卷连接、清理虚拟机的网卡资源；目的计算节点调用 Neutronclient，更新 Port Host 属性为目的计算节点。

二、冷迁移步骤

（1）操作员向 Nova-api 发送冷迁移请求；

（2）更新任务状态，检查虚拟机使用的 Flavor；

（3）根据虚拟机属性进行过滤及权重比较，确认迁移目标主机；

（4）开始迁移，检查虚拟机镜像路径是否存在，停止虚拟机，断开源主机上该虚拟机的卷与存储的链接；

（5）开始虚拟机信息迁移，创建镜像，创建注入文件，获取 GuestOS 的 XML 文件，生成虚拟机 XML，完成虚拟机迁移；

（6）在目标主机上启动虚拟机，在源主机上释放虚拟机资源。

三、虚拟机 HA 或 Evaluation 过程

（1）虚拟机 Error 或者主机宕机控制/存储网络平面双断也会 HA；

（2）防脑裂检测应该在执行 HA 后面；

（3）执行 HA 或 Evaluation，迁移网络，迁移存储；

（4）在新主机上启动虚拟机。

Q98. 管理域虚拟机创建流程是什么？

虚拟机创建流程如下（见图 Q98-1）。

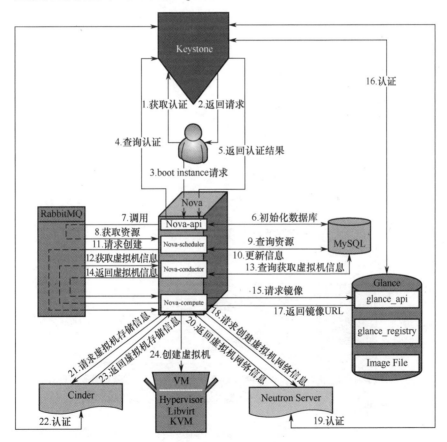

图 Q98-1　虚拟机创建流程

（1）首先，通过 Dashboard 或命令行获取用户登录信息，调用 Keystone 的 RESTful API 进行身份验证；其次，Keystone 对用户登录信息进行校验，产生 Token 并返回对应的认证请求；最后，携带这个 Token 通过 RESTful API 向 Nova-api 发送一个 boot instance 请求。

（2）Nova-api 向 Keystone 鉴权成功后，将创建虚拟机的请求抛送到消息队列（RabbitMQ）。

（3）Nova-scheduler 轮询进程检测消息队列，当它收到创建虚拟机的请求后，开始执行调度算法，选择主机，并将创建虚拟机的请求抛送给消息队列。

（4）目标主机 Nova-compute 获取了创建虚拟机的请求后，调用 Cinder 和 Neutron Server 接口开始创建虚拟机，调用 Glance 获取镜像，调用 Cinder 和 Neutron Server 分别获取存储、网络资源，最后调用 Libvirt 的 API 创建虚拟机。

（5）启动虚拟机。

Q99. 管理域虚拟机删除流程是什么？

虚拟机删除流程如下（见图 Q99-1）：

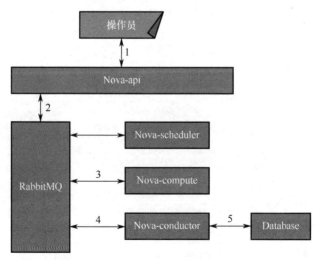

图 Q99-1　虚拟机删除流程

（1）操作员向 Nova-api 发送请求；

（2）获取虚拟机信息，保存虚拟机 Quotas，更新任务状态和虚拟机状态；

（3）移除虚拟机中未处理的事件，删除数据库，下电虚拟机；

（4）删除虚拟机网络，删除虚拟机的卷；

（5）更新任务状态，更新虚拟机状态。

4.2　云工作台

Q100. 网络云运维工作台是什么？

网络云运维工作台是集网络云资源数据采集、拓扑关系展示、设备运行分析、告警监控预警、自动巡检部署等功能于一体的综合维护管理平台。其与各节点省份网络云通过对接 OSS4.0 采集（间接对接 NFVO+），后续计划直接对接 NFVO+采集系统，实现全网网络云资源池使用情况、运行情况、业务部署情况及服务质量的集中呈现和管理。为各节点省份开放相关的维护、操作入口，提供统一的运维支撑能力，提供面向全网、各节点省份和资源池维度的资源视图展现、运行质量分析和运维管理服务。网络云运维工作台主要包含重保性能大屏、运行分析工具、自动化运维工具、CMDB（Configuration Management Database，配置管理数据库）和报表管理模块等。

（1）重保性能大屏。展示全国视图下的指标数据中心、物理资源池、VNF、物理设备、虚拟机信息。

（2）运行分析工具。在全国视图、各节点省份视图下，展示资源分配率和利用率，呈现机房信息、机柜信息的展示设备详情（性能、告警和资源信息等）及资源池三层资源关联拓扑和单网元资源拓扑。

（3）自动化运维工具。是网络云运维工作台提供统一的、面向各节点省份资源池通用的工具，支撑各节点省份及下级资源池的运维工作。

（4）CMDB。又称配置管理数据库，集中纳管了网络云各节点省份的新资管、NFVO+的空间/位置数据、人工入网数据、物理资源、虚拟资源、网元、模型连接关系、软件信息和各项配置信息。

（5）报表管理模块。集成了性能指标异常报表、运维日报和 Top 告警库等信息，便于运维人员查阅。

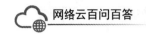

Q101. 网络云运维工作台可视化运行分析包含哪些?

网络云运维工作台可视化运行分析主要提供各类资源、性能、告警等数据的集中呈现与统计分析功能。从全国、各节点省份视图视角呈现网络云监控整体情况,包括资源、性能、告警、健康度指标统计。运行分析实现架构如图 Q101-1 所示。资源池视图展示资源池的规模统计、性能信息,可逐级下钻展示机房、机架、设备空间资源关系及告警信息,并呈现资源池三层资源关联拓扑、单网元资源拓扑。

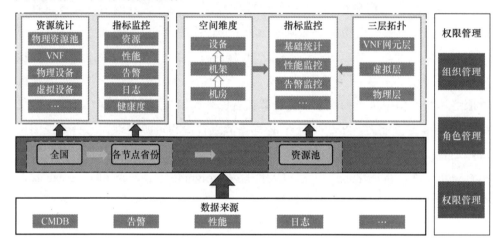

图 Q101-1　运行分析实现架构

网络云运维工作台可视化功能包括全国视图、各节点省份视图、资源池视图、机房可视化视图、设备详情视图、网元三层拓扑/五层拓扑呈现等,并按照各节点省份维度接入分权分域能力。

Q102. 网络云运维工作台故障案例库模块如何使用?

网络云运维工作台已上线故障案例库模块,主要包括案例录入、案例审核、案例统计、案例查询等功能。

(1)进入故障案例库模块的路径:网络云运维工作台主界面—运营管理工

具—知识库管理—故障案例库。

（2）进入案例录入界面的路径：网络云运维工作台主界面—运营管理工具—运营流程管理—生命周期—运维管理—故障案例库—新建工单。

（3）进入案例审核界面的路径：网络云运维工作台主界面—运营管理工具—运营流程管理—生命周期—运维管理—故障案例库—待办工单。

（4）案例统计界面：根据不同省份、厂家、故障类型、时间粒度对案例进行统计分析，单击相关统计数字后，可直接按照相应筛选条件进入查询界面，如图 Q102-1 所示。

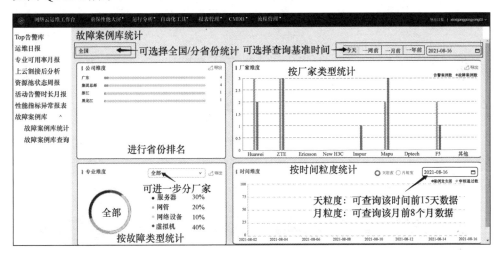

图 Q102-1　案例统计功能展示

（5）进入案例查询界面的路径：单击菜单栏左侧"故障案例库查询"，或者单击案例统计界面相关数字。默认显示所有案例，选择相关查询条件后可按条件显示模糊查询结果（见图 Q102-2）。

（6）网络云运维工作台已在"运行分析"界面首页增加了历史故障信息滚动展示功能。历史故障信息包括去年今天发生的故障数量、故障时间、故障名称。单击故障数据后，可根据时间条件进入故障筛选查询界面，显示故障的具体信息。

图 Q102-2　案例查询功能展示

Q103. 网络云运维工作台 CMDB 模块是什么?

CMDB 又称配置管理数据库,集中纳管了网络云各节点省份的新资管、NFVO+的空间/位置数据、人工入网数据、物理资源、虚拟资源、网元、模型连接关系、软件信息和各项配置信息。CMDB 功能展示界面如图 Q103-1 所示。

图 Q103-1　CMDB 功能展示界面

Q104. 网络云运维工作台告警监控上报流程是什么?

网络云运维工作台对接集团 OSS4.0 系统,采集资源池的告警、性能和资源等数据。其中,资源池设备原始告警送到网络云运维工作台的流程是:设备

告警→资源池网管（PIM/VIM）→NFVO+→OSS4.0→网络云运维工作台。告警
上报流程如图 Q104-1 所示。

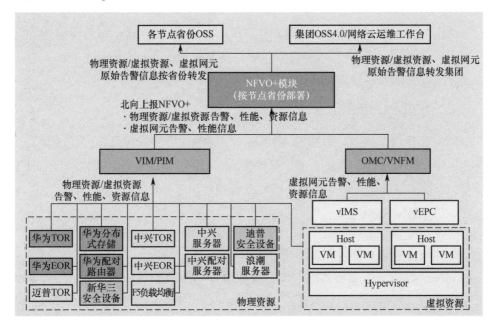

图 Q104-1　告警上报流程

一、VIM/PIM

支持对物理资源/虚拟资源进行告警信息采集，并由统一平台进行集中呈
现、集中配置，北向上报给 NFVO+；采集物理资源/虚拟资源性能、资源信息，
并上报到 NFVO+。VIM、PIM 与 NFVO+之间通过 RESTful API 接口交互。

二、VNFO+

从 VIM、PIM、OMC 采集原始告警信息、原始性能文件、原始资源文件和
告警关联结果转发到各对应节点省份 OSS、集团 OSS4.0 和网络云运维工作台；
NFVO+与现网 OSS 之间通过 RESTful API 接口交互。

Q105. 网络云常见的自动巡检有哪些？

网络云资源池自动巡检按大类可分为网络设备巡检、分布式存储巡检、服务

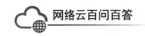

器巡检、虚拟层巡检和安全巡检。

一、网络设备巡检

网络设备巡检包括设备远程登录检查、电源/风扇检查、设备温度检查、CPU 占用率检查、内存占用率检查、端口和光模块检查、告警信息检查、日志检查、NTP 时间同步检查、路由会话检查等。

二、分布式存储巡检

分布式存储巡检包括管理界面检查、存储池告警信息检查、存储池带宽检查、存储池时延检查、存储池 IOPS 检查、存储池使用率检查、存储池日志信息检查、存储池软件版本检查、存储池安全合规检查等。

三、服务器巡检

服务器巡检包括服务器 CPU 利用率检查、服务器内存利用率检查、服务器磁盘利用率检查、服务器物理网卡性能检查、服务器时钟同步检查、服务器异常重启检查、服务器进程状态检查、服务器 ECC/UEC 错误检查、服务器磁盘坏道检查等。

四、虚拟层巡检

虚拟层巡检包括 VIM/PIM 管理界面检查、VIM/PIM 告警信息检查、VIM/PIM 异常日志检查、云主机状态检查、VIM/PIM 数据库运行状态检查、VIM 接口状态检查、虚拟机 CPU 利用率检查、虚拟机内存利用率检查、虚拟机磁盘利用率检查、虚拟机网卡性能检查等。

五、安全巡检

安全巡检包括应用系统端口和服务检查、防火墙访问控制策略检查、防火墙配置备份检查、网络异常流量检查、系统日志安全检查、系统账号过期检查、账号权限检查等。

第二篇

ICT 运营篇

第 5 章 云业务运营

5.1 NFV 业务

Q106. 虚拟化 EPC 网元与传统网元有哪些区别?

一、硬件部署方式不同

传统网元使用专用硬件，使用 ATCA（Advanced Telecom Computing Architecture，先进通信计算架构）、PGP 架构；虚拟化 EPC 网元使用通用硬件，基于 NFV 架构，其硬件资源可以统一管理、灵活调配，实现了软硬件的解耦合。

二、软件部署方式不同

传统网元在专有硬件部署，部署流程长；虚拟化 EPC 网元使用虚拟机部署，具有快速自愈、弹性扩容、快速上线的特点。

三、逻辑架构不同

虚拟化 EPC 网元可采用 CU 分离架构，如 SAEGW-C、SAEGW-U 等。

四、部署位置和维护分工不同

传统网元分省份部署，各自维护；虚拟化 EPC 网元（控制平面）在节点省份集中部署，硬件设备和虚拟化平台层由节点省份维护，业务由接入省份负责。

传统 SAEGW（System Architecture Evolution GateWay，系统架构演进网关）网元 PGP 架构的机框单板布局示意如图 Q106-1 所示，可以看出：单板种类多样，如 MPU、PFU、SFU、GSU 等；每类单板还有不同的型号，如 SFU2、SFU3 等；单板的功能相对单一，部署槽位、连线等均有严格限制，灵活度不够。

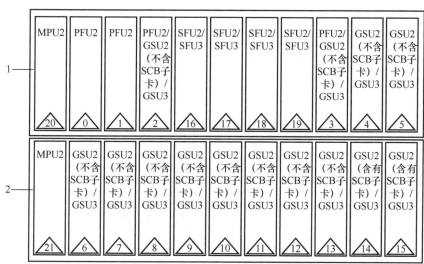

图 Q106-1 传统 SAEGW 网元 PGP 架构的机框单板布局示意

虚拟化网元硬件统一使用高性能机架式服务器（网络云现阶段），不再使用各类专用单板，所以存储、交换机等设备都可以根据实际环境进行配置，不受设备厂家及型号的限制。

Q107. 虚拟化 IMS 与传统网元有哪些区别？

一、硬件部署方式不同

传统网元使用专用硬件，使用 ATCA；虚拟化 IMS 使用通用硬件，基于 NFV 架构，其硬件资源可以统一管理、灵活调配，实现了软硬件解耦合。

二、软件部署方式不同

传统网元在专有硬件部署，部署流程长；虚拟化 IMS 使用虚拟机部署，具有快速自愈、弹性扩容、快速上线的特点。

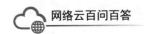

三、逻辑架构不同

虚拟化 IMS 可以采用 CU 分离架构,如 SBC-C、SBC-U 等。

四、部署位置和维护分工不同

传统网元分省部署,各自维护;虚拟化 IMS 在节点省份集中部署,硬件设备和虚拟化平台层由节点省份维护,业务由接入省份负责。

虚拟化 IMS 硬件统一使用高性能机架式服务器(网络云现阶段),包括存储及交换机等都可根据实际环境进行配置,不受厂家及型号的限制。

在融合核心网的架构中可以看到,虚拟化网元 vSBC-C、vSBC-U 实现了 CU 分离,而传统网元的 SBC 则没有,如图 Q107-1 所示。

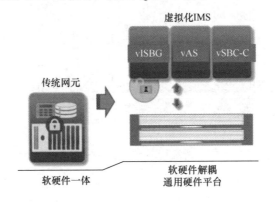

图 Q107-1　传统网元和虚拟化 IMS 结构对比

Q108. 虚拟化 SCP AS 与传统网元有哪些区别?

一、物理架构不同

传统网元物理上是一台专用通信设备,所有的板卡和端口都部署在同一台物理设备上;虚拟化 SCP AS 在通用服务器上通过加载软件实现相应功能。

二、生命周期实现方式不同

传统网元的生命周期包括新建、扩容和退网,涉及工程新建或拆除,部署流程长;虚拟化 SCP AS 的生命周期包括新建、扩容、缩容、迁移和删除,可以直接在网管系统上一键部署,灵活快捷。

三、可靠性不同

传统网元的运行可靠性与组网方式相关，负荷分担/主备模式能提供可靠性，而且硬件故障可能会导致网元退网；虚拟化 SCP AS 的虚拟机可以在规划的主机组内自动迁移，一台服务器硬件故障一般不会引起网元退网，可靠性大大提高。

四、部署位置和维护分工不同

传统网元分省份部署，各自维护；虚拟化 SCP AS 在节点省份集中部署，硬件设备和虚拟化平台由节点省份维护，业务由接入省份负责。

Q109. 手机上的"增强信息"是什么意思？

增强短信，即融合通信（Rich Communication Suite，RCS），是由中国移动联合各手机厂商共同推出的手机短信功能，其必须配备能够接收增强信息功能的手机才可以使用。在兼容传统短信和彩信功能的基础上，支持通过短信应用发送富媒体消息，如文本、图片、语音片段、视频片段、位置信息等内容，并支持语音聊天等。目前，只有主卡为中国移动手机卡且手机支持融合通信的时候，才能显示增强信息菜单；当主卡为非中国移动手机卡或手机不支持融合通信（如苹果手机）时，无法显示增强信息菜单。

Q110. 能力开放平台能否在 5G 网络中使用？

能力开放平台可以在 5G 网络中使用。网络通信能力的开放是指，对底层复杂的通信网络实现进行抽象，形成固定可编程的处理逻辑，对外提供简单、一致的通信服务。能力开放主要由应用、开放平台及能力平台组成。开放平台位于应用和能力平台中间，通过北向接口连接应用，通过南向接口连接能力平台，实现现网 CS、PS 和 IMS 网络能力汇聚、封装及面向自有/非自有应用的开放。能力平台包括音/视频能力平台、消息能力平台、QoS 能力平台。5G 网络中有专门业务网元 SCEF（Service Capability Exposure Function，业务能力开放网元）与 4G

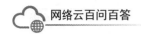

网络中的 AAC 相对应。

5.2 5G 业务

Q111. 5G 网络提升了哪些方面?

与 4G 网络相比，5G 网络带来了三个方面的性能提升。5G 网络应用场景如图 Q111-1 所示。

一、高速率

高速率主要是指大流量移动宽带业务，相比 4G 网络上传下载速率更快，带宽可达到 10Gbps 以上。

二、超大连接

海量设备连接，至少支持 100 万台设备/平方千米，实现机器与机器之间的通信，为人类社会提供更好的服务。

三、超高可靠性、低时延

5G 网络时延低至 1ms，相比 4G 网络有了大幅提升，让无人驾驶等应用成为可能。

图 Q111-1　5G 网络应用场景

Q112. 5G 网络切片，切的究竟是什么？

5G 网络切片如图 Q112-1 所示，是一种按需组网的方式，可以在统一的基础设施上分离出多个虚拟的端到端网络。每个网络切片在无线接入网、承载网、核心网间进行逻辑隔离，以适配各种类型的应用。通俗地讲，切片实质上切的是网络，即把物理上的网络切片，划分为 N 张逻辑网络以适应不同需求的应用场景。例如，5G 主流的三大应用场景 eMBB（Enhanced Mobile Broad-Band，增强移动宽带）、uRLLC（Ultra-Reliable Low Latency Communications，高可靠性低时延连接）、mMTC（Massive Machine Type Communication，海量物联网），就是根据网络对时延、QoS、带宽的不同要求定义的三个通信服务类型，对应三个切片。

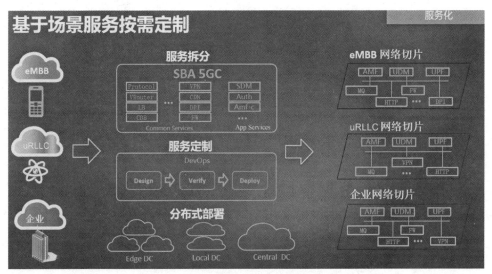

图 Q112-1　5G 网络切片

Q113. SBA 为 5G 带来了什么？

SBA（Service-Based Architecture，基于服务的网络架构），是 5G 借鉴 IT 业界成熟的 SOA（面向服务的架构）和 MSA（微服务架构）提出的一个折中理念，一方面避免了服务功能集过于庞大，导致业务变更困难；另一方面避免了服务功能集划分过细，导致性能损失。

SBA 架构的优点主要有传统网元拆分、NFS（Network File System，网络文件系统）自动化管理、网络通信路径优化三个方面。

一、传统网元拆分

伴随着 NFV（网络功能虚拟化）技术在 CT 领域的运用，传统网元实现了软硬件解耦，软件部分被拆分为多个 NF（网络功能）；同时，借助 SBA 概念，NF 又被拆分为多个 NFS（网络功能服务），每个 NFS 都具有独立自治的特点。

二、NFS 自动化管理

拆分出 NFS 后，若继续依靠传统手工维护的方式，这么多的 NFS 对维护人员而言无异于一场灾难。因此，3GPP 提出 NRF（服务化管理）来负责所有 NFS 的自动化管理，包括注册、发现、状态检测。NF 在上电时会主动向 NRF 报备自身 NFS 的信息，并能够通过 NRF 来寻找合适的对端 NFS。

三、网络通信路径优化

传统网元之间有固定的通信链路，SBA 的出现，使各 NFS 之间可以根据需求任意通信。以用户位置信息策略为例，PCF（策略控制功能）提前订阅用户位置信息变更事件，当 AMF（接入和移动管理功能）中的 NFS 检测到位置变更时，发布相应的事件，PCF 可实时接收到该事件，这样减少了中转环节，优化了通信路径，既省力又省时。

采用 SBA 架构可以为 5G 演进带来以下四个特征。

1．敏捷

服务以比传统网元更精细的粒度运行，并且彼此松耦合，允许升级单个服务，而对其他服务的影响最小。

2．易扩展

轻量级的接口使得新功能不需要引入新的接口设计。

3．灵活

通过模块化、可重用方式实现网络功能的组合，满足网络切片等灵活组网需求。

4．开放

新型 RESTful API 接口极大地便于运营商或第三方调用服务，使网络通信路径更加优化。

Q114. 与 4G 相比，5G 用户的鉴权方案有何变化？

5G 用户的鉴权方案将传统核心网分为服务网和归属网两个域。在服务网采用二次鉴权和安全锚点技术，解决了 4G 鉴权临时标识长期不变的问题，实现了临时标识定期更新和跨域的安全隔离；归属网保存长期标识，以解决网络互联互通的问题。

5G 沿用了 4G 的各平面安全性保护功能和算法，除密钥加长（密钥长度从 128bit 变为 256bit）外，与 4G 最大的区别是用户面增加了完整性保护功能。

4G 的 IMSI 在空口以明文形式发送，而 5G 在空口使用加密的 SUPI 或 5G-GUTI（临时标识），任何时候都不以明文传输用户永久标识。

4G 可以被强制回落 2G 形成漏洞，5G 提供了强制回落 2G 的保护机制——ngKSI/ABBA 和安全锚点，可以识别"伪基站"并拒绝接入。

Q115. 5G 相对 4G 的安全优势有哪些？

5G 相对 4G 具有以下四个方面的安全优势。

1．更强加密算法

加密秘钥由 4G 的 128bit 加长到 5G 的 256bit，用户的身份和位置也被加密，使得用户在进入网络时就无法识别或定位。

2．更安全隐私加密

4G 的 IMSI 在空口以明文形式发送，而 5G 在空口使用加密的 SUPI 或 5G-GUTI（临时标识），任何时候都不以明文传输用户永久标识。

3．更安全网间互联

4G 的 SS7/Diameter 加密转变为 5G 的 SEPP（Security Edge Protection

Proxy）加密，引入了安全边界防护代理，作为运营商核心网控制平面之间的边界网关。所有跨运营商的信息传输均需要通过该安全网关进行处理和转发[5]。

4. 更安全用户数据

在 4G 及之前的系统中，由于完整性保护算法会增大数据处理压力和处理时延，所以一直没有使用，仅对控制平面数据做了完整性保护。5G 对用户平面数据可按需提供空口到核心网之间的加密和完整性保护。

第6章 云资源运营

6.1 资源运营

Q116. VNF 实例化过程中网络云相关流程是什么？

VNF 实例化流程如图 Q116-1 所示，涉及网络云部分的操作主要是第 11 步、第 12 步，详细流程如下。

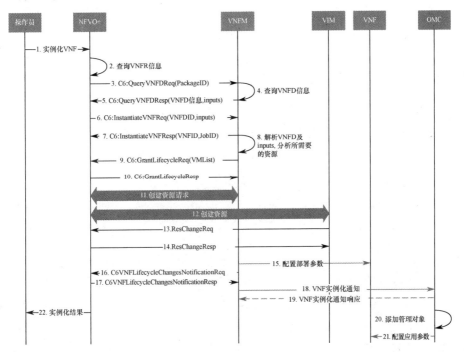

图 Q116-1 VNF 实例化流程

（1）操作员在 NFVO+界面实例化一个 VNF。

（2）NFVO+查询 VNFR 信息。

（3）如果该 VNFR 未执行资源预留，NFVO+调用 C6:QueryVNFDReq 接口，接口中含 VNF PackageID，到 VNFM 查询 VNFD 信息。

（4）VNFM 查询本地保存的 VNFD 信息。

（5）VNFM 返回 C6:QueryVNFDResp，包含 VNFD 的详细信息和可调整的参数（inputs）[6]。

（6）NFVO+在实例化页面展示 VNFD 信息，输入实例化时可调整的参数值（允许操作员选择/上载 VNF 专有 inputs 参数文件方式输入 inputs 参数），选择实例化使用的 VIM 和 Tenant。调用 C6:InstantiateVNF 接口，请求 VNFM 实例化 VNF。接口中携带 VNF 名称、VNFD 标识 VNFDID、可变参数 inputs、extention 等参数。

（7）VNFM 创建实例化任务，生成 JobID，返回给 NFVO+。NFVO+可以通过调用 C6:GetJobStatus 接口来获取实例化的任务状态。

（8）VNFM 解析 VNF 包中的 VNFD 及可变参数，分析 VNF 实例化所需要的虚拟资源，主要包括虚拟机规格和虚拟机数量。

（9）VNFM 调用 C6:GrantLifecycle 接口，请求 NFVO+进行授权，接口中携带操作类型及所需要的资源 VMList。

（10）如果 NFVO+允许进行该实例化操作，并且满足 VNFM 所需资源要求，NFVO+向 VNFM 返回成功消息；如果 NFVO+不允许进行该实例的实例化操作，或者所需资源不足，NFVO+拒绝 VNFM 的授权请求[6]。

（11）VNFM 向 NFVO+发送创建虚拟资源请求。

（12）NFVO+向指定 VIM 中创建所需要的虚拟资源。在间接模式中，VNFM 发送原生 OpenStack 接口请求到 NFVO+，NFVO+转发接口到 VIM。第 11 步和第 12 步可能涉及多个步骤的操作，包括：虚拟机、虚拟存储、虚拟网卡、虚拟网络的创建，将虚拟存储、虚拟网卡挂载到虚拟机，将虚拟网卡连接到虚拟网络，不同虚拟机之间的亲和性和反亲和性，等等。VIM 通过 Neutron 组件向 SDN 控制器（如有）下发 Network、Subnet、Router、静态路由、BGP 信息、L2/L3 网络配置；SDN 控制器将这些配置下发至 vSwitch 或 SDN GW，vSwitch 收到新上线 VM 的 ARP 请求报文后绑定 Port 信息上送控制器，控制器根据 VM 和 Port 的绑定关系通过

OpenFlow 下发 L2/L3 网络及相关的流表；SDN 控制器通过 NETCONF 协议向 SDN GW 下发 Network、Subnet、Router、静态路由、BGP 信息、EVPN 等配置。

（13）VIM 检测到虚拟机资源变化，向 NFVO+发送 C7:ResChangeReq，告知 VIM 中资源的变化情况。

（14）NFVO+向 VIM 返回 C7:ResChangeResp。

（15）资源创建成功后，VNFM 到 VNF 配置和部署相关的参数。

（16）VNF 实例化成功后，VNFM 向 NFVO+发送 C6:VNFLifecycle Changes NotificationReq，告知 VNF 所包含的虚拟资源。

（17）NFVO+向 VNFM 返回响应。

（18）VNF 实例化成功后，VNFM 通知 OMC 有一个新实例化的 VNF，包括 VNF 的管理地址和管理账户等。

（19）OMC 向 VNFM 返回响应（可选）。

（20）OMC 将新实例化的 VNF 添加到管理对象。

（21）OMC 对 VNF 进行应用参数的配置。

（22）操作员可以在 NFVO+界面看到实例化进展。

Q117. VNF 包管理流程包括哪些？

VNF 包主要包括 VNFD 文件、部署参数文件等。VNF 包可选包含镜像文件和 VNF 软件。如果 VNF 包包含镜像文件，则 NFVO+在上载 VNF 包时，同时将镜像文件下发到 VIM[6]。如果 VNF 包不包含镜像文件，则 NFVO+在上载 VNF 包之前，需要先完成上载和注册镜像、下发镜像的流程。为了获取 VNF 包的变化情况，VNFM 需要到 NFVO+订阅 VNF 包（注册订阅所需的包变更通知），当 NFVO+里的 VNF 包状态有变化时，NFVO+通知已经订阅该 VNF 包的 VNFM。

VNF 包管理流程主要包括创建、查询、删除 VNF 包订阅、VNF 包通知、VNF 包查询信息，以及获取、上载、禁用、启用、查询、删除 VNF 包流程等。

Q118. C6 接口完成 VNF 的生命周期管理，主要功能有哪些？

C6 接口完成 VNF 的生命周期管理、用于 VNF 资源的授权、VNF 使用资源的变化及故障管理等，主要接口功能包括：

（1）VNF 包管理接口；

（2）VNFD 信息获取接口；

（3）VNF 资源授权接口；

（4）VNF 生命周期管理接口；

（5）VNF 生命周期变化通知接口；

（6）策略管理接口；

（7）Event 通知接口；

（8）间接模式下 VNF 相关资源管理接口；

（9）认证接口；

（10）NFVO+信息变更通知接口。

Q119. 服务器扩容及设备纳管流程是什么？

一、计算节点扩容

服务器硬件安装完成后，要确保新扩容的计算节点对端的交换设备都已配置完成，包括硬件管理 TOR、管理 TOR、业务 TOR、存储 TOR、管理 EOR、业务 EOR、存储 EOR，线缆连接正确；然后对新扩容的计算节点进行数据规划，主要包括扩容节点各网络平面的 IP 地址、网卡绑定、分区大小、HA 归属等。这些条件具备之后，登录安装部署界面，按照向导式扩容完成相关服务器的扩容即可。

计算节点扩容的大致步骤如下：

（1）登录不同厂家的安装部署界面；

（2）使用 PXE 批量安装主机操作系统；

（3）配置"资源隔离""内核参数""磁盘分组""网络分组"；

（4）对接存储前需要安装存储客户端；

（5）添加到新建或原有的 HA 主机组里。

二、存储节点扩容

服务器硬件安装完成后，在扩容前需要保证新扩容存储节点对端的交换设备都已配置完成，包括硬件管理 TOR、管理 TOR、存储 TOR、管理 EOR、存储

EOR；然后对新扩容的存储节点进行数据规划，主要包括扩容节点各网络平面的 IP 地址、网卡绑定、分区大小、缓存盘规划、所属存储池、安全机架等。另外，对数据进行备份，包括集群数据、客户端配置文件、Cinder 配置文件。这些条件具备之后，登录安装部署界面，按照向导式扩容完成相关存储节点的扩容即可。

存储节点扩容大致步骤如下：

（1）登录不同厂家的安装部署界面；

（2）使用 PXE 批量安装主机操作系统；

（3）配置"缓存池"和"添加硬盘"；

（4）扩容到新建或原有的存储池。

三、PIM 纳管存储、服务器、网络设备

PIM 纳管流程如下。

（1）在存储侧创建 USM 用户，配置 SNMP Trap 参数，Trap 地址设置为 PIM 地址；在 PIM 侧添加存储设备基本信息、REST 协议参数、告警上报 SNMPv3 协议参数。

（2）在服务器 BMC 配置对接相关的用户、SNMP、IPMI、SNMP Trap 参数；在 PIM 侧配置对接参数，包括基本信息、SNMPv3 协议参数、Redfish 协议参数。

（3）在网络设备侧配置对接相关的用户、SNMP、SNMP Trap、STelnet 参数；在 PIM 侧添加 SNMPv3 协议参数。

6.2　能效管理

Q120. 服务器与业务联动的能耗如何管理？

资源池剩余资源智能停机管理如图 Q120-1 所示。

当管理平台检测到资源池内计算节点服务器资源剩余时，按可支持最大服务器数量保持开机状态，其余计算节点服务器由管理平台给予下电节能操作（单台计算节点服务器无业务功耗约为 250W，每月单台计算节点服务器节约用电 180 千瓦时）。

当资源池在运行服务器资源超过冗余能力上限时，由管理平台给予计算节点服务器开机指令，保证资源池内资源充裕。

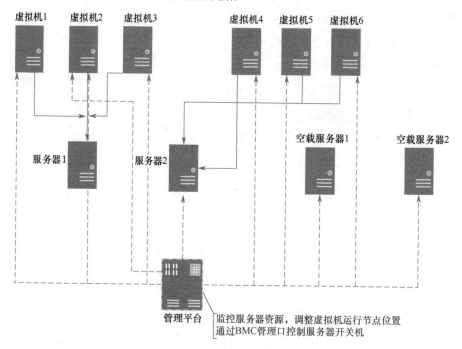

图 Q120-1 资源池剩余资源智能停机管理

服务器性能模式分为四类：性能、性能均衡、节能均衡、节能。可将服务器性能模式调节至节能均衡模式，在业务运行期间服务器会根据 CPU 使用情况自动调节能耗，从而达到节能降耗的效果。

Q121. 网络云成本由哪几部分组成？

中国移动网络云节点省份的成本主要包括资产成本、人工成本、运维成本及配套成本。

（1）资产成本：为提供服务而建设的服务器和相应的网络设备、安全设备，以及其承载的相关 NFV 系统而发生的资产成本。

（2）人工成本：每年根据网络云各节点省份公司软硬件投资规模和运维工作量等标准核定人员数量。

（3）运维成本：软硬件、机电设备及土建基础设施所产生的网络维修费（含软硬件维保、协维、动力维保等）、网络电费及其他费用（含物业费、水费、燃油费、变电站值班费等）。

（4）配套成本：相关机电、传输等配套设备及土建基础设施分摊的折旧成本，以及机房运行发生的电费、维护费、物业费等。

Q122. 提升网络云能效的三大支撑工具的名称和功能是什么？

为持续降本增效，通过在网络云集成实施（AUTO 行云）、数据分析（星图）、可视化设计运维（探云）方面，如图 Q122-1 所示，开发自动化平台，实现对网络云全流程的精细化、智能化管理。

一、"AUTO 行云"平台

"AUTO 行云"平台实现资源池自动化集成，在网络云集成实施和验收阶段有效使用，提升部署及验收效率。

二、"星图"平台

"星图"平台实现资源池数据分析、评估和优化，在网络云规划建设阶段实现落地应用，提升云化效能。

三、"探云"可视化设计运维平台

"探云"可视化设计运维平台实现网络云智能容量、资源分配规划及设计可视化交付，在网络云规划设计中有效应用，提升网络规划的智能化水平。

图 Q122-1 自动化平台提升网络云能效

第 7 章 云安全运营

7.1 网络安全

Q123. 与传统电信业务相比，云化带来了哪些新的安全挑战？

一、计算虚拟化安全威胁

计算虚拟化安全威胁包括恶意 VM 通过 Hypervisor 攻击其他 VM、恶意 VM 攻击 HostOS 或 Hypervisor、VM 通过 Hypervisor 攻击自身 GuestOS 等。

二、网络虚拟化安全威胁

网络虚拟化安全威胁包括 VM 攻击 VM、VM 攻击 vSwitch、外网攻击 HostOS 或 vSwitch 等。

三、存储虚拟化安全威胁

存储虚拟化安全威胁包括 VM 存储设备漏洞、VM 恶意读写磁盘、存储设备被攻击等。

四、OpenStack 安全威胁

OpenStack 安全威胁包括 API 的滥用、开源软件漏洞、管理权限滥用、恶意内部人员等。

虚拟基础设施管理平面安全威胁包括：用户虚拟机或从管理网络入侵管理虚拟机，通过管理网络入侵 HostOS、近端维护端口入侵 HostOS、感染病毒，用户虚拟机或从管理网络非法入侵虚拟路由器管理接口，用户虚拟机或从管理网络非法访问，等等。

Q124. NFVI 中基础设施安全机制主要有哪些方面?

NFVI 安全机制主要包含物理设施安全、虚拟设施安全、网络安全、管理安全四个方面（见图 Q124-1）。

（1）物理设施安全主要包含硬件设备（服务器、交换机等）自身安全、嵌入式软件安全、存储介质安全、操作系统和数据库安全等方面。物理设施是虚拟化底层部分，它的安全关系到整个虚拟化系统的安全。当缺乏对物理设施安全的控制时，即使管理、技术和上层软件系统访问控制得很好，也无法保证系统足够的安全性。物理设施安全技术可以分为硬件设备物理接口安全、CPU 安全漏洞、硬件设备存储介质安全、操作系统/数据库基础安全等方面。

（2）虚拟设施安全主要包含虚拟化软件 Hypervisor 安全、用于统筹虚拟资源分配管理的云操作系统安全。虚拟设施安全可分为账号权限、访问控制、系统更新、安全管理、安全隔离、业务连续性、安全审计、虚拟存储。

（3）网络安全通过将主机内虚拟交换机和外部物理交换机统一配置和部署，实现虚拟系统的网络连通和隔离。网络安全可分为网络架构、网络隔离、网络配置和网络安全防护等方面。

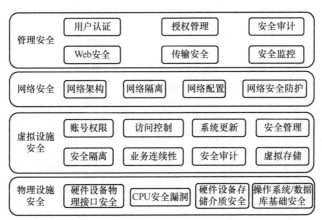

图 Q124-1　NFVI 基础设施安全分层

（4）管理安全包含用户认证、授权管理、安全审计、Web 安全、传输安全、安全监控等相关内容。NFVI 资源的生命周期管理通过 VIM 来实现，包括：NFVI

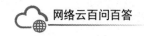

的计算、存储和网络资源的控制与管理，收集性能监控和各项事件信息，向上层业务提供开放接口。用户认证和授权管理是系统安全管理中必不可少的环节。

Q125. NFVI 需要提供哪些数据安全的解决方案？

一、数据加密

对于存储在本地的敏感数据使用安全加密算法（PBKDF2、AES_128_CBC）加密保存。对于传输的敏感数据使用 TLS 传输通道，保证数据的机密性、完整性。

二、数据访问控制

系统对每个卷定义不同的访问策略，没有访问该卷权限的用户不能访问该卷，只有卷的真正使用者（或者有该卷访问权限的用户）才可以访问该卷。每个卷之间是互相隔离的。

三、剩余信息保护

存储采用数据增强技术，系统会将存储池空间划分成多个小粒度的数据块，并基于数据块来构建 RAID 组，使得数据均匀地分布在存储池的所有硬盘上，然后以数据块为单元进行资源管理。

删除虚拟机或删除数据卷，系统会进行资源回收，小数据块链表将被释放，并进入资源池。系统在重新利用存储资源时，将重新组织小数据块。通过这种方式，重新分配的虚拟磁盘恢复原来数据的可能性较小，有效做到了剩余信息保护。

数据中心的物理硬盘更换后，需要数据中心的系统管理员采用消磁或物理粉碎等措施保证数据彻底被清除。

四、数据备份

FusionSphere 数据存储采用多重备份机制，每份数据都有一个或者多个备份，即使存储载体（如硬盘）出现了故障，也不会导致数据的丢失，更不会影响系统的正常使用。

系统对存储数据按位或字节的方式进行数据校验，并把数据校验信息均匀地分散到阵列的各个磁盘上。阵列的磁盘上既有数据，也有数据校验信息，但数据块和对应的数据校验信息存储在不同的磁盘上。当某个数据盘损坏后，系统可以根据同一个带区的其他数据块和对应的数据校验信息来重构损坏的数据。

五、控制台登录虚拟机支持密码认证

用户通过控制台访问虚拟机时，支持密码认证。虚拟机的控制台登录密码是在创建虚拟机时随机创建的。但是通过控制台，用户只能访问自己创建的虚拟机。

六、镜像管理安全

对于云平台管理员上传的公共镜像，如果有用户恶意篡改镜像或者泄露镜像的数据，就会造成由公共镜像创建出来的租户虚拟机不可信，影响虚拟机内部的运行环境。

Q126. NFVI 中网络安全方案主要有哪些？

一、网络平面隔离

（一）业务网络

业务网络为用户提供业务通道，为虚拟机之间提供通信平面，对外提供业务应用。每个租户下可创建多个租户网络，租户下的虚拟机可接入租户网络，实现虚拟机之间的互通。

（二）存储网络

存储网络为块存储设备提供通信平面，并为虚拟机提供存储资源，但不直接与虚拟机通信，而是通过虚拟化平台转发。

（三）管理网络

管理网络负责整个云计算系统的管理、业务部署、系统加载等流量的通信。

二、VLAN 隔离

VLAN 通过虚拟网桥实现虚拟交换功能。虚拟网桥支持 VLAN Tagging 功能，实现 VLAN 隔离，确保虚拟机之间的安全隔离。

三、端口访问限制

为了减少外部服务攻击面，服务端口使用系统 Iptables 机制限制端口只在固

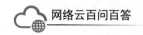

定平面监听业务消息，并且服务进程在建立 Socket 时进行端口绑定固定 IP（不绑定到 0.0.0.0），通过双重手段保证端口访问安全。

Q127. 网络云中安全管理主要有哪些?

一、工程建设阶段

防止系统漏洞暴露在互联网上，在建设完成前需要进行安全验收，确保具备安全防护功能，也确保满足安全合规要求。

二、运行维护阶段

加强日常运行安全维护，定期进行安全评估，对账号、日志进行审计，对安全脆弱性进行检查，发现安全隐患，并进行整改。

三、退网阶段

加强闭环管理，确保数据备份和数据清除，防止敏感信息泄露。

四、安全评估阶段

（一）系统漏洞

扫描操作系统、数据库、防火墙、数通设备、服务接口漏洞。

（二）Web 漏洞

排查和识别 Web 应用端口，扫描 Web 应用系统漏洞。

（三）合规检测

排查主机、数据库、中间件、路由器交换机防火墙配置，检查配置弱点，实现最小权限、最小开放和严格控制，保障配置的安全性。

（四）渗透测试

自动或人工开展以漏洞发现和利用为目的的渗透测试，核查风险较高的漏洞。

（五）符合性测评

根据 NFV 网络拓扑和架构，检查涉及保密性、完整性和可用性的因素和保障措施。

7.2 系统安全

Q128. 应急响应封堵处置流程是什么？

当发生网络安全事件时，应"先抑制，再根除"，要先迅速找到问题根源，采取措施防止事件的扩散，再对问题设备和系统进行根除和恢复；应以第一时间恢复业务为首要原则，其他工作均要为此服务，查找故障原因等工作不得以延迟业务恢复时间为代价。

网络安全事件的应急处置，应坚持"积极预防，严格控制，防控并重"的原则。在认真做好监控防护的基础上，充分做好紧急情况下系统运行管理的应急准备，健全防控措施，完善处理机制，加强应急演练，确保在紧急情况下做到反应迅速、处置果断、保障到位。

网络云攻击事件发生后，由节点省份安全接口人研判，确定资产归属。确定资产归属后由节点省份安全接口人通知资产归属方，由资产归属方研判处置方式并反馈安全接口人，如需封堵，则由节点省份网络云专业择期进行攻击地址封堵。应急响应封堵处置流程如图 Q128-1 所示。

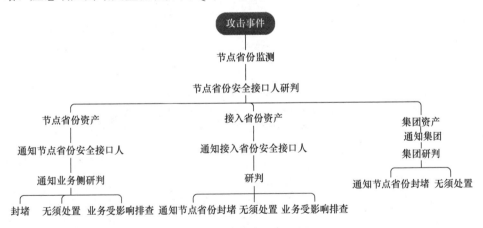

图 Q128-1　应急响应封堵处置流程

接入网络云内部署的 IDS 及抗 DDoS 系统的 DMZ 与网管资源池开展 7×24

小时攻击流量监测，在发现攻击流量后根据不同攻击场景，采用限流、黑洞路由和流量清洗等措施开展防护。

根据集团公司下发的规范，应急响应封堵处置原则如下：

（1）优先保障国家重点网络服务安全运行，优先保障集团公司系列网络安全运行；

（2）优先保障用户基本通信，即数据、语音、短信等业务的正常，优先进行流量清洗，适当采用限流、黑洞路由封堵等措施，以减缓网络拥塞；

（3）优先保障重点区域、重点客户的通信畅通；

（4）优先选择网内疏通，若本网无法疏通，则通过其他运营商疏通话务。

Q129. 网络云设备系统安全漏洞扫描频率是多少？

按照集团总部下发的《中国移动网络云维护管理规定（2020 版）》第二十一条，以及《中国移动网络云安全管理操作手册》第八章中安全管理实施要求的安全维护作业计划的要求，月维护作业计划内容包括对网络和系统进行安全漏洞扫描及加固；网络云系统应每月开展一次安全漏洞扫描工作。

此外，目前网络云节点省份集中漏洞扫描工作通过集团总部集中漏洞扫描调度平台完成，通过集团总部割接平台下发漏洞扫描任务，集中漏洞扫描调度平台调度各资源池内漏洞扫描设备完成扫描任务。对发现的漏洞风险，通过工单下发节点省份进行漏洞加固。

Q130. 网络云安全合规性检查和加固的开展频次是多少？

网络云信息安全归口管理部门每年年初要组织相关单位共同制订安全合规性检查计划，并按照计划开展检查工作。

安全合规性检查范围与频次要求：每年至少对各系统组织完成一次全面检查；各单位应结合自身情况开展不定期自查。

安全运营管理和 IT 基础设施安全防护的合规性检查应依据集团总部基础信息安全检查矩阵执行；单点设备安全配置的合规性检查建议采用设备安全配置审

核工具进行。

合规性检查的方法包括但不限于抽样检查、全面检查、现场检测、日志审核、人员访谈、工具自动检查等。

每次检查结束后检查小组要及时编制《安全合规性检查报告》《安全合规性检查问题整改计划及实施方案》。

被检查单位要及时向集团总部信息安全归口管理部门上报整改进度、成果及《安全合规性检查问题整改工作总结》。

Q131. 防火墙安全策略要求有哪些？

根据中国移动网络云安全设备安全策略的管理要求，安全设备须满足"五清"（数量清、型号清、位置清、策略清、效果清）的要求，策略变更须留存审批记录。

防火墙策略应满足下列要求。

（1）防火墙策略设置应遵循"最小化"原则，根据系统内外部互联的实际需求，建立细化到包括源 IP 地址、目的 IP 地址、服务端口、承载信息、信息敏感性等内容在内的网络连接信息表，并据此配置防火墙策略，禁止出现非业务需要的大段 IP、连续端口开放的策略。

（2）禁止在一条策略的 permit 语句中"源 IP 地址、目的 IP 地址、服务端口"出现两个 any 选项，禁止出现 permit any 的全通策略。

（3）原则上策略的服务不允许占用小于 1024 的常用端口；所有没有明确允许的访问都应该禁止。

（4）在不影响防火墙策略执行效果的情况下，应将针对所有用户（源 IP 地址）的策略设置为较高优先级；将匹配度更高的策略设置为次优先级。

（5）原则上防火墙策略中不应出现允许远程登录及管理数据库的相关策略。对于有特殊需求的，可以设置点对点访问控制策略，并确保访问源 IP 地址在中国移动的管理范围内。

（6）防火墙策略的最后应该有一条拒绝所有的策略（deny all 策略）。

Q132. 网络云常见的安全风险事件及处置办法是什么？

网络云常见的安全风险事件有以下几种。

1. 虚拟机逃逸

虚拟机逃逸是指利用虚拟机软件或者虚拟机中运行软件的漏洞进行攻击，以达到攻击或控制虚拟机宿主操作系统的目的，如 QEMU 虚拟机逃逸漏洞（CVE-2019-14378）。

处置办法：目前，QEMU 官方已发布了修复该漏洞的最新版，建议尽快下载升级。

2. 分布式拒绝服务攻击（DdoS）

分布式拒绝服务攻击可以使很多台计算机在同一时间遭到攻击，使攻击的目标无法正常使用。

处置办法：加强抗 DDoS 攻击监控，开启流量清洗，适当开展封堵等操作。

3. 云计算挖矿事件

利用安全漏洞，在云计算资源池内传播挖矿病毒，从而非法占用云计算资源。

处置方法：加强漏洞管理、流量监控、租户隔离等手段，切断病毒传播途径。

 ## 7.3 数据安全

Q133. 数据安全的重要意义是什么？

2021 年 6 月 10 日，《中华人民共和国数据安全法》由中华人民共和国第十三届全国人民代表大会常务委员会第二十九次会议通过，自 2021 年 9 月 1 日起施行。大数据时代，数据安全问题受到法律保护，数据安全已经成为保障国家稳定和促进社会发展的重要战略资源。数据资源不断整合和开放共享，使得我们处于一个数据流动的时代，政府、企业、社会也享受到了大数据带来的巨大价值和机遇。数据作为支撑前沿技术存在和发展的生产资料，已经成为政府与企业的核心资产。随着数据成为资产及基础设施，其逐渐成为国家发展的重要原生动力，数据驱动商业成为商业发展的最大创新源泉。经过几百年的科技高速发展后，人类即将迎来智能时代，智能时代的决策基础就是数据和算法，数据安全问题将引发企业和社会决策的安全问题。

Q134. 如何做到数据深度防御和精准阻断？

数据安全治理防护，需要以组织管理、规范制定及防护溯源工具相结合的方式，实现数据的深度防御和精准阻断。

一、组织管理

数据安全治理首先要成立专门的数据安全治理机构，以明确数据安全治理的政策、落实和监督由谁长期负责，并确保数据安全治理的有效落实。成立的机构可以称为数据安全治理委员会或数据安全治理小组，机构的成员由数据的利益相关者和专家构成。这个机构通常是一个虚拟的机构，这里之所以称之为利益相关者，是因为这些成员不仅是数据的使用者，也是数据本身的代表者、数据的所有者、数据的责任人。数据安全治理委员会或数据安全治理小组，这个机构本身既是安全策略、规范和流程的制定者，也是安全策略、规范和流程的受众。

二、规范制定

在数据安全治理过程中，最重要的是实现数据安全策略和流程的制定，即制定《数据安全管理规范》（以下简称《规范》）。所有的工作流程和技术支撑都是围绕《规范》来制定和落实的。《规范》的出台往往需要经过大量的工作才能完成，通常包括：

（1）梳理出组织所需要遵循的外部政策，并从中梳理出与数据安全管理相关的内容；

（2）根据该组织的数据价值和特征，梳理出核心数据资产，并对其分级分类；

（3）厘清核心数据资产的使用状况（收集、存储、使用、流转）；

（4）分析核心数据资产面临的威胁和使用风险；

（5）明确核心数据资产访问控制的目标和流程；

（6）制定组织对数据安全规范落实及对安全风险进行定期核查的策略；

（7）整个策略的技术支撑规范。

三、防护溯源工具

通过业内数据扫描发现系统快速、高效地识别出组织内部敏感数据及其分布位置，同时借助工具对敏感数据传播途径进行防护，如电子邮件、U 盘复制、文件打印、网络传输等。对于已发生泄密事件，如拍照、文档外传等，通过数字水印技术，可以对泄密进行追溯。从技术层面来说，这对员工泄密可以起到震慑作用，以有效预防员工泄密事件发生。

Q135. 数据安全防护手段有哪些?

目前，主流的数据安全防护包括组织管理制度与技术管理防护两个方面。在现实中，两个方面往往结合使用。

（1）组织管理制度：定期进行安全意识的宣导，强化员工对信息安全的认知，引导员工积极执行企业保密制度，积极关注企业数据安全。对于公司机密型存档文档，建立组织审批制度与纸质文件管理制度，设立专门职责机构人员管理，实现纸质机密文件管理、档案管理等。

（2）技术管理防护：随着科学技术发展，企业组织文件存储的方式也发生了巨大的变化，越来越多的文件在企业内部流转。对于这种类型，首先，对数据进行有效识别，找到企业组织敏感数据的位置；其次，根据敏感数据的位置及其流转方式对其进行有效管理，如数据外发管理、敏感数据打印控制、敏感数据复制管理等，通过技术限制，有效实现数据流转控制，进而实现数据安全防护；同时要定期全面检查企业现行办公系统和应用，发现漏洞后，及时进行系统修复，避免漏洞被黑客利用造成机密泄露。

Q136. 什么是拒绝服务攻击?

拒绝服务攻击（Denial of Service Attack，DoS 攻击），亦称洪水攻击，是一种网络攻击手法，其目的在于使目标计算机的网络或系统资源耗尽，使服务暂时中断或停止，导致其正常用户无法访问。

分布式拒绝服务攻击，即 DDoS 攻击，使用网络上两台或两台以上被攻陷的计算机作为"僵尸"向特定的目标发动"拒绝服务"式攻击。

受害主机在 DDoS 攻击下的明显特征是，大量的不明数据报文流向受害主机，受害主机的网络接入带宽被耗尽，或者受害主机的系统资源（存储资源和计算资源）被大量占用，甚至发生死机。前者可称为带宽消耗攻击，后者可称为系统资源消耗攻击。两者可能单独发生，也可能同时发生。

DDoS 攻击按拒绝服务对象可以分为带宽消耗攻击、资源消耗攻击，如图 Q136-1 所示。

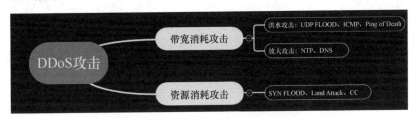

图 Q136-1　DDoS 攻击按拒绝服务对象分类

常见的 DDoS 攻击类型有：

（1）普通 DDoS 攻击，是指一些传统的攻击方式，如 SYN FLOOD 攻击、ACK FLOOD 攻击、CC 攻击、UDP FLOOD 攻击等。

（2）新型 DDoS 攻击，如 WebSocket、临时透镜、慢速 DDoS 攻击、ReDoS 攻击等。

Q137. 分布式存储数据安全防护措施有哪些？

分布式存储系统采用了多种策略以保障数据安全，比较常见的策略包括多副本、纠删等，也有基于物理层进行物理隔离的策略。在这个方面，网络云分布式存储系统已经做得非常完善了。

另外，分布式存储数据安全防护措施还包括：

（1）完善审核体制；

（2）用户身份验证；

（3）加密系统与密钥管理。

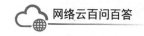

Q138. 网络云有哪些重要的配置数据？如何对其进行容灾备份？

网络云资源池中重要的配置数据包括计算服务器和存储服务器中控制节点的配置数据、数通设备的配置数据、PIM/VIM 的配置数据、存储池的配置文件。

部分设备或软件对其配置文件定期自动备份，但由于未备份到异地，仍然存在一定风险，因此容灾备份必须实现异地存储。

不同类型的配置文件特点不同，其备份方法也有所不同：服务器和虚拟化的配置文件具备数量少、文件大的特点，适合以压缩文件的形式进行异地数据容灾备份；数通设备的配置数据具备数量多、内容少的特点，适合以指令采集远程写文件的方式进行异地数据容灾备份。

第 **8** 章 云网络运营

8.1 网络演进

Q139. 为什么数据中心需要"大二层"网络结构?

  云化带来了虚拟机动态迁移技术,给传统的"二层+三层"数据中心网络带来了新的挑战,数据中心的网络架构如图 Q139-1 所示。虚拟机迁移技术可以使数据中心的计算资源得到灵活的调配,进一步提高物理机资源的利用率。虚拟机动态迁移,就是在保证虚拟机的业务连续性的同时,将一个虚拟机系统从一台物理服务器迁移到另一台物理服务器的过程。该过程对于客户来说是无感知的,虚拟机迁移前后的 IP 和 MAC 地址不变,这就需要虚拟机迁移前后的网络处于同一个二层域内部。

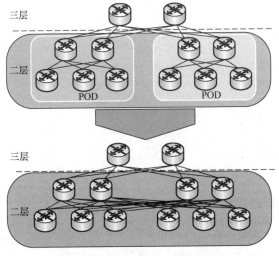

图 Q139-1　数据中心的网络架构

由于数据中心的规模扩大，虚拟机迁移的范围越来越大，甚至会跨越不同局址、不同机房之间迁移，这使得数据中心二层网络的范围越来越大，因此出现了"大二层"网络技术这一新技术领域。

"大二层"网络实现虚拟机的大范围甚至跨地域动态迁移，只要把 VM 迁移可能涉及的所有服务器都纳入同一个二层网络域，就能实现 VM 的大范围无障碍迁移。

Q140. 为什么 NFV 要引入 SDN?

NFV 实现了软硬件解耦，网元从传统的专用硬件安装变为数据中心内的虚拟机部署。但是，网元之间的数通网络部署方式没有改变，仍然是传统手工配置模式。

传统网络面临网络拥塞、配置复杂、运维困难、新业务部署速度慢等问题。

为了解决传统网络面临的问题，充分发挥 NFV 的优势，电信行业引入了新的 SDN（Software Defined Network，软件定义网络）架构，其具有"转控分离""集中控制"的特性。在物理上分离出网络控制平面和转发平面，即"转控分离"。SDN 引入的新组件称为控制器，其以集中的方式管理多台设备，即"集中控制"。

SDN 控制器负责实现网络云内部业务网 Overlay 网络的自动配置，包括提供 VNF 内、VNF 之间、VNF 访问外部网络需要的 L2/L3 网络，以及静态路由、BGP、BFD 等服务自动化能力，有效提升云数据中心网络运维和新业务开通、部署的效率。

Q141. SDN 给网络带来哪些变化?

SDN 促使数据交换网络"转控分离"，实现路由控制和管理集中化，支撑构建全网统一视图和自动化、智能化的网络管理，驱动了业务快速部署，提升了网络开通效率。

一、VNF 部署自动化

VNF 部署自动化包括 VNF 上线自动创建网络、VNF 下线自动删除网络，如图 Q141-1 所示。

二、VNF 扩容自动化

当 VNF 负载大于阈值时，虚拟机扩容，创建虚拟机关联的网络；当 VNF 负载小于阈值时，虚拟机缩容，删除虚拟机关联的网络，如图 Q141-2 所示。

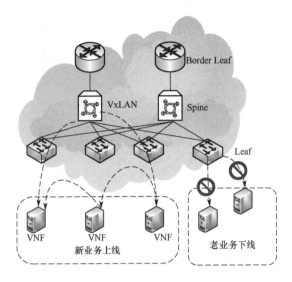

图 Q141-1 VNF 部署自动化

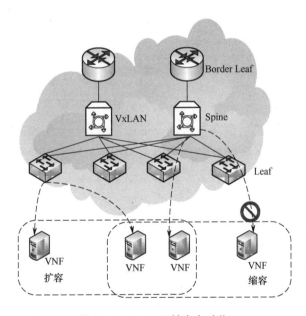

图 Q141-2 VNF 扩容自动化

三、VNF 自愈（虚拟机迁移）自动化

虚拟机迁移时，自动配置与新虚拟机连接的网络，称为 VNF 自愈（虚拟机迁移）自动化，如图 Q141-3 所示。

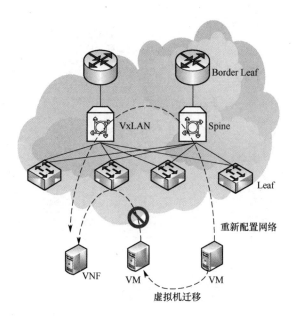

图 Q141-3　VNF 自愈（虚拟机迁移）自动化

Q142. 网络云承载网是如何演进的？

经过多年发展，云计算已经形成较为完整的生态体系，并逐渐切入重点行业。在电信行业，传统运营商网络大多是以专用形态来呈现的，紧耦合的软硬件形式导致网络系统的业务"竖井"和功能绑定，因此，业界需要一种通用的硬件架构，并配合灵活的软件方式来解决这些问题[7]。网络云承载网的演进过程如图 Q142-1 所示。

为应对网络转型的需求，电信云应运而生，云技术的成熟和网络业务的升级驱动电信云发展。一方面，不断涌现的新型 IT 技术正逐渐渗入电信行业，虚拟化、云计算、SDN/NFV 等技术可以实现电信业务云化和网络功能灵活调度，以达到网络资源最大化应用；另一方面，伴随着 5G 时代的到来和边缘业务的兴起，当前运营商网络软硬一体的通信网元和转发控制一体的网络设备已经难以满足快速发展的网络业务需求，不能很好地兼容新业务，为了应对网络转型的需求，以 SDN/NFV 等技术为基础的电信云应运而生。

电信云的发展可概括为两个阶段：独立电信云阶段和分布式统一电信云阶段。

（1）独立电信云阶段：这一阶段运营商主要部署 vIMS、vEPC、vBRAS、

vCPE 等网元，同时引入 MANO 来实现自动化的网元和业务部署。在这种方式下，虽然也会部署几个数据中心，但是各个数据中心的电信云是互相独立的，电信云之间没有 DCI（数据中心互联）或业务互相迁移的需求。

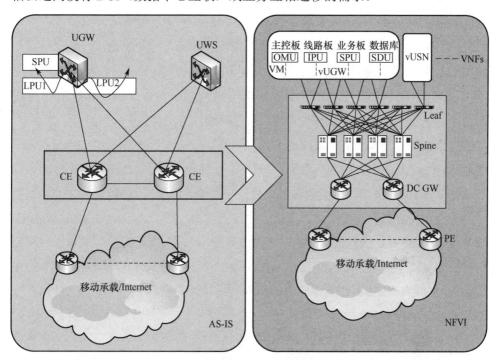

变化1：UGW内部互访　　交换网板+背板+控制总线 ——→ 新增：DCN实现VM之间L2互访，相当于L2交换机
变化2：UGW与外部网络互访　　通过CE实现 ——→ 继承：通过DCN与外部L3互访，相当于L3交换机

图 Q142-1　网络云承载网的演进过程

（2）分布式统一电信云阶段：在这个阶段，运营商希望中心 DC、区域 DC 和边缘 DC 能够统一管理，业务和管理呈现为一朵云，真正形成分布式统一电信云。这就要求把整个广域网纳入电信云管理平台实现 DCI，对系统的整合能力提出了更高的要求。

Q143. 双栈技术在网络云的应用及部署情况如何？

目前，IPv6 是全球唯一公认的下一代互联网商用解决方案，其在超宽、广连接、安全、自动化、确定性和低时延六个维度能够全面提升 IP 网络能力。提升 IPv6 端到端贯通能力，是"新基建"战略的重要组成部分，也是网络云资源池新型基础设施建设的基础。根据中共中央办公厅、国务院办公厅印发的《推进互联网协议第六版（IPv6）规模部署行动计划》，中国移动网络云遵循"典型应用先行、移动固定并举、增量带动存量"的发展路径，统筹推进 IPv6 在中国移动网络云的规模部署。根据相关指导意见和 IPv6 方案原则，在网络云中使用 IPv6 双栈技术，选择符合相关国际标准、国内标准和中国移动标准的通用技术，避免采用私有标准或非开放协议，确保网络的开放性。

网络云资源池云主机、防火墙、路由器和负载均衡等核心设备在网元业务网络内，以及对外网服务的业务层面，均部署了 IPv4/IPv6 双栈模式，支持客户自行选择使用 IPv4 或 IPv6，或者使用双栈进行通信。网络云资源池中的 SDN 系统也部署了 IPv4/IPv6 双栈模式，涉及组件包括 SDN 管理节点（VSD）、SDN 控制节点（VSC）、SDN 虚拟交换机（VRS）、VxLAN 交换机等。另外，网络云维护及网管类客户端 MANO（NFVO+、VNFM、 OMC 等）和网络云漏洞扫描等系统也使用双栈技术，支撑网络云网管类维护及对所辖资产（IPv6、IPv4）安全作业计划例行漏洞扫描等操作。

在网络云上核心设备在网元业务网络内及对外网服务的业务层面，总体原则就是能使用 IPv6 通信的全部使用 IPv6，并保留 IPv4 解决与原有系统互通的场景。业务网元上云后，通过 IP 承载网的 VPN 与周边网元进行互通，主要涉及以下双栈业务 VPN，如表 Q143-1 所示。

表 Q143-1　业务网元上云后涉及的双栈业务 VPN

双栈业务	VPN 名称	用　　途
NC_S1 业务	NC_S1_XX	各个省份基站到 AMF 的 N1 业务
SG 业务	SG	UPF 到 SMF 的 N4 业务
核心网元计费	CBOSS	用于与计费网络的互通
短信	SMS	短消息及 5G 短消息
彩铃业务	CaiLing	
语音的信令	IMS_SG	
媒体业务	IMS_Media	

Q144. 网络云组网中 MC-LAG 有何优点？为什么不用堆叠？

M-LAG（Multichassis Link Aggregation Group，跨设备链路聚合），是一种实现跨设备链路聚合的机制，能够实现多台设备间的链路聚合，从而把链路可靠性从单板级提高到设备级，组成双活系统。这样一方面可以起到负载分担流量的作用，另一方面可以起到备份保护的作用。

MC-LAG（Multi-Chassis Link Aggregation Group，多机箱链路聚合）有如下优点：

（1）两台交换机正常转发，转发性能高；

（2）控制平面分离，协议耦合度低，故障域隔离，可靠性高；

（3）升级中断时间短，秒级；

（4）升级风险低，两台交换机独立升级，即使一台交换机升级失败，还有一台交换机正常转发，不影响正常流量的转发。

堆叠成员设备之间强耦合，堆叠故障影响面较大，并且不像 MC-LAG 可单台设备升级，整系统升级风险高，其可靠性差。根据上面的对比，在网络云的组网中建议使用 M-LAG 方式，而不使用堆叠方式。

Q145. 在网络云 SDN 架构和非 SDN 架构下，TOR、EOR、配对路由器在配置组网上有什么区别？

一、物理组网区别

如图 Q145-1 所示，在非 SDN 组网架构下，业务 EOR 之间采用 M-LAG 双活保护，业务 EOR 之间互联；而在 SDN 组网架构下，引入 SDN，业务域 Underlay 三层路由互联，因此业务 EOR 之间不互联。

在非 SDN 组网架构下，管理 EOR 和业务 TOR 之间有互联光纤，用于核心网元的管理平面；在 SDN 组网架构下，取消这条互联光纤，并且核心网元管理是通过业务 TOR、业务 EOR、业务 SDN GW 与管理 EOR 互联实现的。

在网络云 SDN 组网架构下，增加管理 EOR 与配对路由器之间的连线，主要用于 SDN 控制器与配对路由器之间的交互。

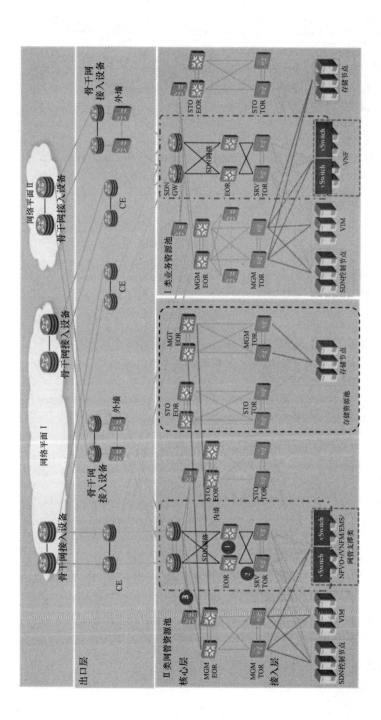

图 Q145-1 网络云不同资源池组网方案

二、逻辑组网区别

在非 SDN 组网架构下，业务 TOR、业务 EOR 都是二层，网关在 DC GW 上面，无论是主机型网元还是路由型网元，都统一在 DC GW 侧实现手动业务配置。在 SDN 组网架构下，业务 TOR、业务 EOR、SDN GW 之间三层 OSPFv3 互联，实现 Underlay 网络互通，叠加 VxLAN 隧道实现 Overlay 网络；业务配置都通过 NFVO+与 VIM+SDN 控制器实现自动下发。

 ## 8.2 SDN 部署

Q146. 网络云 SDN+NFV 如何进行部署？

NFV 网元部署流程如图 Q146-1 所示。

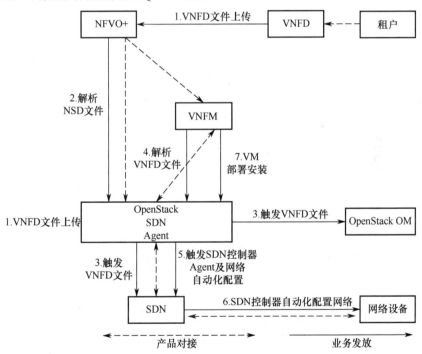

图 Q146-1 NFV 网元部署流程

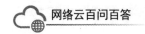

一、手动配置

（一）网络预配置

（1）完成交换机 Underlay 网络配置；

（2）完成 SDN 控制器预配置；

（3）在 OpenStack OM 或 ManageOne SC 手动创建 VDC 与主机组；在使用 OpenStack OM 时，需要手动创建 VPC。

（二）VNFD/NSD 文件上传

（1）用户手动上传 NSD（Network Service Descriptor，网络服务描述符）文件；

（2）用户手动上传 VNFD 文件与软件包；

（3）在 NFVO+上手动触发部署任务，填写网络与 VNF 部署参数。

二、自动化配置

（一）解析 NSD 文件

NFVO+解析 NSD 文件中 Router 与外部网络信息，下发给 VIM 进行逻辑网络创建（含 VLAN ID 等信息）。

（二）触发 SDN 控制器 Agent

VIM 创建逻辑网络后会触发 SDN 控制器 Agent，使得 SDN 控制器对 VRF、GW 等网络信息进行记录。同时，VIM 会同步信息给 OpenStack OM/ManageOne SC，进行统一 Portal 管理。

（三）解析 VNFD 文件

VNFM 解析 VNFD 文件，读取所需要的云服务、VNF 资源与网络等信息，下发命令给 VIM 进行 VM 创建，同时会触发 SDN 控制器 Agent。

（四）触发 SDN 控制器 Agent 及网络自动化配置

当 VIM 为 VNF 创建 VM 时，会先创建 VM 所需要的 Ports，此时触发 SDN 控制器 Agent，将 Ports 网络信息传输给 SDN 控制器。

SDN 控制器自动化配置网络：

（1）VIM 创建完成 VM Ports 后，创建 VM 并挂载 Ports，分配并配置 VLAN；

（2）与此同时，当 SDN 控制器收到其 Agent 信息时，通过 LLDP 获取 VM 位置信息，自动化配置网络设备的 VLAN/VNI 映射，以及网关 VRF 及 Network 配置。

VM 部署安装：VM 上电后，配置 IP 地址，从 VNFM 复制镜像包、软件包，完成部署。

网元数据配置：VNF 创建成功后，手动进行 VNF 网元业务数据配置。

Q147. 网络云 SDN+NFV 如何进行维护？

在 NFV 架构下，如图 Q147-1 所示，网络云 SDN 维护如下：

（1）通过 OMC 对 VNFs 进行配置、管理和性能监测；

（2）通过 VNFM 操作维护 VNF，如网元生命周期管理、配置和监控 VNF；

（3）使用 SDN 控制器进行预配置，并进行网络路径的可视化运维；

（4）通过 VIM 平台实现对交换机、服务器等硬件设备的监控、告警查看。

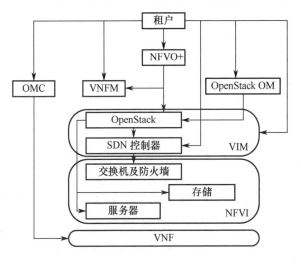

图 Q147-1　NFV 架构

Q148. 如何实现 SDN+NFV 业务自动化？

一、VNF 自动化映射

（1）逻辑网络到物理网络的自动化映射，在服务器上使能 LLDP 协议；

（2）向 Leaf 节点发送 LLDP 报文；

（3）在 Leaf 节点上生成 LLDP 邻居关系表；

（4）所有邻居关系通过 SNMP 发送给 SDN 控制器；

（5）VM 通知 SDN 控制器主机设备 ID，SDN 控制器查表找到对应 Leaf 节点并下发所需配置。VNF 自动化映射如图 Q148-1 所示。

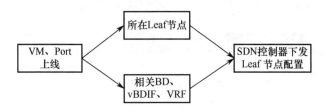

图 Q148-1　VNF 自动化映射

二、VM 自动上线

（1）VM 上线，触发 SDN 下发相应 BD、VRF、vBDIF 配置，同时下发到 VNF Loopback 下一跳为 VM IP 的静态路由，并通过 EVPN 通告给 SDN GW；

（2）新上线 VM 的 ARP 也会通过 EVPN 的主机+MAC 路由发布出去；

（3）全网通过 EVPN 学习到新 VM 的 MAC 地址和 IP 地址，打通 L2/L3 网络的访问通道；

（4）在 SDN GW 上的 ECMP 路径重新生成，增加新的 VM 路径。

三、VM 自动迁移

（1）VM 故障，BFD 检测不到 VM，联动通告 Leaf 节点撤销到该 VM 的静态路由，并通过 EVPN 通告给 SDN GW；

（2）SDN GW 上因为路由撤销了，所以 ECMP 的路径会重新生成，不会再发送到故障 VM 上（ARP 表项要等待老化，一般 5 分钟）；

（3）VM 迁移到 Leaf2 节点，相当于 VM 在 Leaf2 节点新上线，触发 VM 上线流程（SDN GW 上会同步刷新 ARP 表项，指向新的 L2VNI）；

（4）VM 迁移，IP 地址和 MAC 地址都不变，网关也不变，故所有 Leaf 节点上的同一个 BD 对应的 vBDIF IP 要配置成一致的。

Q149. SDN GW 如何发布和学习路由?

SDN GW 发布和学习路由的步骤如下（见图 Q149-1）：

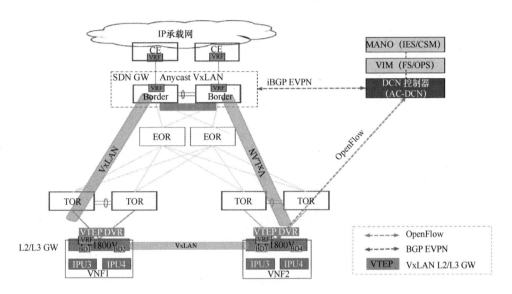

图 Q149-1　SDN 发布和学习路由的步骤

（1）SDN 从 VNF 邻居学习到 VNF 下的 UE 路由（用户路由），路由下一跳为 VNF 的逻辑口地址，路由进行 IP 迭代，递归迭代到 vBDIF 接口；

（2）SDN GW 从外部 CE 学习到的私网路由直接通过私网邻居发布给 VNF；

（3）SDN GW 通过 EVPN 邻居仅发布默认路由。

Q150. SDN 控制器如何控制 SDN GW 上的路由?

SDN 控制器收到上层 NFVO+的业务调用后将上层的业务 API 接口转换为 NETCONF 接口，SDN 控制器与 SDN GW 之间通过 NETCONF 协议进行 SDN GW 侧数据配置的增加和删除操作。SDN 控制器和 SDN GW 之间建立 BGP EVPN，同时将虚拟机环境下 VM IP/MAC 信息发布到 BGP EVPN 传递给 SDN GW。

Q151. SDN 控制器如何控制 vSwitch 上的流表？

首先，SDN 控制器使用浮动 IP 地址与 SDN GW 建立 BGP EVPN，通过 BGP 协议学习路由信息。

其次，SDN 控制器和 vSwitch 之间建立 OpenFlow 会话，SDN 控制器将从 BGP EVPN 学到的路由转换为 OpenFlow 流表转发信息，并下发到 vSwitch。

vSwitch 本身没有控制平面，只有转发平面。vSwitch 上的各种表项都是 SDN 控制器通过 OpenFlow 下发的，vSwitch 上的流表根据 SDN 控制器上的更新而变化（见图 Q151-1）。

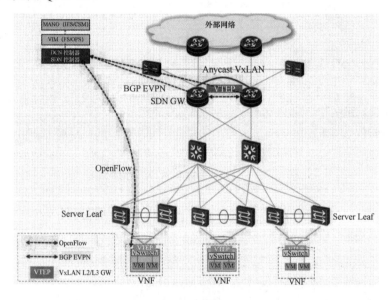

图 Q151-1   SDN 控制器控制 vSwitch 上的流表

Q152. SDN 流表自动化配置流程是什么？

VM 上线后向 vSwitch 发送 ARP/ND 请求，vSwitch 收到后将请求报文和 Port 信息上送至控制器，控制器根据 VM 所在 vSwitch 信息和 Port 信息通过 OpenFlow 下发 L2/L3 网络配置，并且下发流表。

以南北向主机型接口 SDN 流表自动化配置流程为例，如图 Q152-1 所示，步骤 1～步骤 7 为 MANO 侧流程，SDN 控制器应按需创建 L2/L3 网络配置，根据北向传递的 API,将 VIP 配置下发到对应的 vSwitch 和 SDN GW 上。

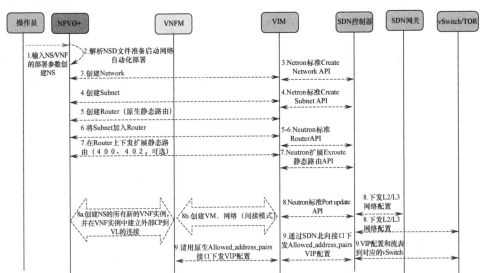

图 Q152-1 SDN 流表自动化配置流程

Q153. SDN 网络自动化配置实现流程是什么?

VNF 的生命周期管理流程均涉及 SDN 网络自动化配置流程。在实例化 NS
(Network Service,网络服务)中,SDN 控制器须根据 NFVO+传递的网元所在的
路由、Network 等信息,按需为新增网元在 vSwitch 和 SDN GW 配置对应的转发
表项。如果新增 VNF 网元与该路由下原有网元间存在信令采集需求,SDN 控制
器根据 NFVO+编排信息自动增加相关远程镜像策略,并下发给南向接口。NS 实
例终止或删除时,SDN 控制器需要配合 NFVO+自动将 NS 实例化过程中已经完
成且下发的配置删除,以免形成配置残留。

实例化 NS 中 SDN 的自动化配置流程如图 Q153-1 所示。在 NFVO+层
上选择 VNF 类型,调用 NFVO+的北向接口完成 VNF 的发放;NFVO+分解
出 VNF 的模型,经过 SDN 控制器→VNFM→VIM,分解出创建 VM 和创建
VPC 的任务。

创建 VM,SDN 控制器从 VIM 收到创建 VPC 的请求,自动分解 EVPN 等
配置,实现 Fabric 网络自动化。

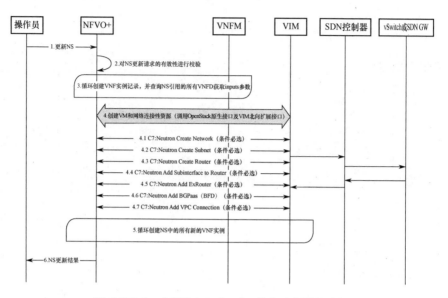

图 Q153-1　实例化 NS 中 SDN 的自动化配置流程

Q154. SDN 控制器的南北向怎么建立连接？

SDNC（SDN 控制器）北向放在管理区，与云平台 VIM 和 PIM（Physical Infrastructure Manager，基础设置管理器）网管对接；SDNC 南向放在业务区，通过 NETCONF 协议纳管 SDN GW，通过 OpenFlow 协议与 vSwitch 建立连接下发、转发流表，与 SDN GW 建立 BGP EVPN 邻居等（见图 Q154-1）。

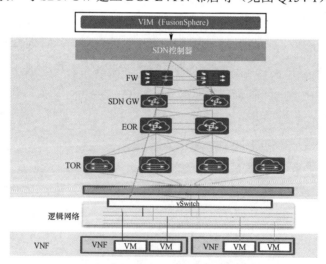

图 Q154-1　SDN 控制器南北向连接

Q155. SDN GW、DC GW 配置路由型网元和主机型网元网络数据的差别是什么？

一、非 SDN 组网

（一）静态路由+BFD（适用于路由型网元）

SDN GW 是指 SDN 网关，DC GW 是指数据中心网关。DC GW 与 CE 路由器之间 OSPF 多实例，在 CE 路由器上配置聚合黑洞路由，重分发到 AR 的路由协议中。DC GW 与业务 EOR 之间的聚合链路启用多个三层子接口，绑定不同的 VRF 实例，启用 OSPF 多实例，交互外部路由，主用路由器和下行链路全部断开的时候，流量走横穿；DC GW 与 VNF 网元的接口虚拟机（VM）的虚拟网卡（vNIC）之间互相配置静态路由，并配置 BFD 检测绑定静态路由。例如，DC GW 上配置的一条静态路由的目的 IP 地址是 VNF 的业务 IP 地址（如 177.0.0.20/32），下一跳为对应虚拟机的虚拟网卡（vNIC）的接口 IP 地址（如 173.0.0.2），VNF 的业务 IP 地址可以通过两条不同的物理路径与外界通信。静态路由+BFD 组网示意如图 Q155-1 所示。

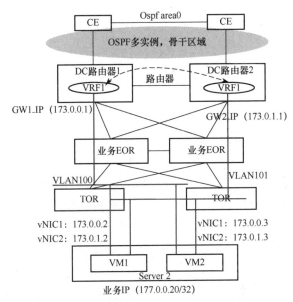

图 Q155-1 静态路由+BFD 组网示意

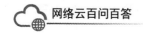

（二）直连路由+VRRP（适用于主机型网元）

VNF 网元所在的主、备虚拟机（VM）的静态路由的网关是 DC GW 上的 VIP 地址，即 DC GW 上业务 VRRP 的 VIP，VNF 的虚拟机（VM）通过 ARP/ND 请求获取 DC GW 的 VIP 地址对应的 MAC，DC GW 采用 L2 转发，虚拟机可以通过 ARP/ND 学习实现 DC GW 之间的主备切换。直连路由+VRRP 组网示意如图 Q155-2 所示。

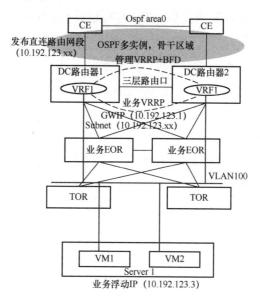

图 155-2 直连路由+VRRP 组网示意

二、SDN 组网

路由型接口是指业务 IP 地址和接口机网卡接口 IP 地址不同网段，此时 DC 网络的 L3 GW 须配置非直连路由（如静态路由或 BGP 动态路由），将接口机虚拟机（Infrastructure Processing Unit，IPU；基础设施处理器）的虚拟网卡（vNIC）的 IP 地址作为路由下一跳才能访问 VNF 的业务 IP 地址。

路由型 VNF 基于 Loopback IP 和 SDN GW 建立 eBGP 会话，用于发布和学习业务路由。SDN GW 配置到 VNF 的 Loopback 的静态路由，下一跳为接口机虚拟机的虚拟网卡的 IP 地址。如果有多个接口机虚拟机（IPU），建议 VNF 和 SDN GW 之间基于 Loopback 地址建立 eBGP 会话，VNF 与 SDN GW 的 Loopback 之间配置多条静态等价路由。

主机型接口是指该 VNF 的业务 IP 地址、虚拟机的接口 IP 地址和 SDN 网络的 L3 GW 同网段，L3 GW 通过直连路由即可访问该接口，具体包括 vNIC IP 和 VIP 两种方式；采用 BGP EVPN + OpenFlow 作为主机型业务路由承载协议，业务网元通过直连路由方式接入 1800v。

Q156. 网络云 SDN 组网中，VxLAN 隧道是如何建立的？

网络云 SDN 组网中，建立 VxLAN 隧道的设备位于 CE 1800v 和 SDN GW 之间，使用各自设备上面的 VTEP 地址来建立 VxLAN 隧道。业务区 Underlay 路由选用的是 OSPF（Open Shortest Path First，开放最短路径优先）协议，将 Server TOR、EOR、SDN GW 规划到 OSPF 的骨干区域中，设备间三层互联口使用 P2P 类型，每台设备使用 Loopback0 地址作为 Router-ID，Underlay 路由用于设备之间接口地址、Loopback IP 地址的互联互通，保证 VTEP 间路由可达，便于 VxLAN 隧道的建立。

SDN GW 的 Loopback1 地址作为 VxLAN 的 Tunnel 终结地址，用于 VxLAN 隧道建立、BGP EVPN 邻居建立，SDN GW 之间使用 Loopback2 地址作为 Bypass VxLAN 的 VTEP 地址；SDN GW 之间采用 Anycast 的方式和虚拟交换机之间建立 VxLAN 隧道，来进行流量的负载分担。

CE/DVS（Desktop Virtualization Solutions，专业桌面虚拟化解决方案）业务地址作为 VTEP 地址，网关部署在业务 TOR，通过路由引入发布到 Underlay 网络。

控制器 Underlay 网络与 SDN GW OSPF 互通，建立 BGP EVPN 邻居。

8.3 网络容灾

Q157. 网络云主机侧、接入层、汇聚层、出口层分别是如何实现业务冗余保护的？

一、主机侧

物理服务器每个网络平面（管理、业务、存储）均由两个跨板卡的网口聚合而成，聚合组内的物理接口之间通过主备或负荷分担模式实行业务冗余保护。

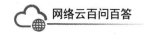

二、接入层

接入层即服务器至 TOR 部分。在大二层组网下 TOR 采用成对部署，服务器至 TOR 之间采用 M-LAG 协议，不同网卡间采用负荷分担或主备等方式实现业务冗余保护。在 SDN 组网架构下，Underlay 网络部分通过开放最短路径优先（Open Shortest Path First，OSPF）协议在 vSwitch 和 SDN GW 之间构成冗余路由转发路径形成保护，Overlay 网络部分由 SDN 进行冗余保护。

三、汇聚层

汇聚层即 TOR 至 EOR 部分。在非 SDN 场景下，TOR 至 EOR 采用 M-LAG 协议，TOR 与 EOR 之间为交叉连接。在 SDN 场景下，业务 EOR 运行 OSPF 协议，两台设备独立提供 Underlay 网络转发路径，形成冗余；管理 EOR 和存储 EOR 仍然通过 M-LAG 协议构成冗余路由转发路径。

四、出口层

出口层主要为各种 CE 对接不同网络的 AR，EOR 至 CE、CE 至 AR 均与普通数通组网相同，采用路由协议进行保护，因此 EOR、CE 均成对配置。

Q158. 网络云中为什么要采用非对称转发来实现负载分担?

网络云网络流量负载均衡可通过对称转发模式和非对称转发模式实现，如图 Q158-1 所示。

一、对称转发模式

对称转发模式是指在 Ingress 入口网关和 Egress 出口网关，都只做三层路由功能（同网段则只做二层路由功能），因此是对称的。基于物理主机的 VTEP 的负载分担，如果每台物理主机的 VTEP 下带的接口虚拟机数量不同，那么到物理主机的流量是均衡的，但到 VM 的流量是不均衡的。

二、非对称转发模式

非对称转发模式是指在 Ingress 入口网关需要同时做二层路由功能和三层路由功能，而在 Egress 出口网关只需要做二层路由功能，因此是不对称的。基于 VM 的负载分担，与物理主机的 VTEP 下的接口虚拟机数量无关。非对称转发模式可以达成真正的负载均衡。

　　相比较来说，非对称 IRB 可以实现更好的负载分担效果。例如，当一个 VNF 对应多台接口虚拟机（VM），这些 VM 还连接到不同的 TOR 上时，非对称 IRB 结合一些特殊的路由通告方法可以实现业务到所有 VM 之间的均衡负载分担；否则，假如一个 TOR 下带的一台物理主机上挂着 3 台接口虚拟机（VM），另一个 TOR 下带的一台物理主机上挂着 2 台接口虚拟机（VM），那么到两个 TOR 的流量不会是 3：2，而是 1：1。

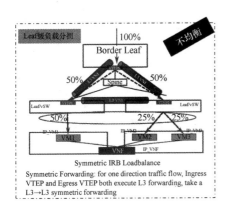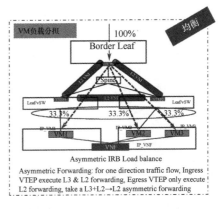

图 Q158-1　网络云网络流量负载均衡模式（左边是对称转发模式，右边是非对称转发模式）

Q159. SDN 控制器失联，怎么保障业务不中断？

　　通过两步同时设置，保障业务在 SDN 控制器失联状态下不会中断。

一、OVS 上的流表设置永不老化

　　OVS 上的流表是由 SDN 控制器（SDNC）下发的，在 OVS 上用来指导虚拟机业务收发报文的转发。流表在空闲老化时间结束后将会自动删除。若 SDN 控制器在下发流表时携带的 timer 参数设置为 0，则流表不会自动老化，即使 SDN 控制器失联，流表也不会自动删除从而影响业务。流表空闲老化时间参数如图 Q159-1 所示。

二、SDN GW 上路由表设置不会失效

　　SDN GW 通过与 SDN 控制器上的 vBGP 集群建立 BGP 邻居，传递路由给控制器，控制器将相关路由转化为流表，下发到对应物理主机的 OVS 上。同时，控制

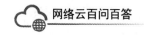

器先将上线的主机 Overlay 虚拟机信息转换成路由下发到主 vBGP，再由主 vBGP 发布到 SDN GW，从而完成 SDN GW 路由信息和 OVS 上流表信息的转化与交互。

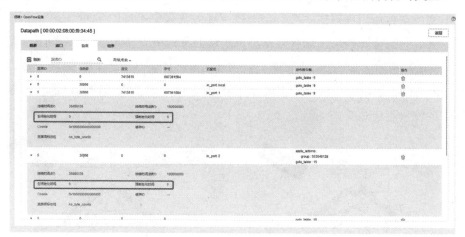

图 Q159-1 流表空闲老化时间参数

当 SDN 控制器失联时，SDN GW 和控制器上 vBGP 集群建立的 BGP 邻居断开，若没有特殊配置，来自主 vBGP 的路由信息将会因为下一跳不可达而失效。为了保障 SDN GW 上的路由表不会失效，SDN GW 在与控制器建立 BGP 连接时配置了 graceful-restart timer restart extra no-limit 参数。当 BGP 邻居断开时，对应路由信息将保持永久。因此，当控制器失联时，SDN GW 设备路由表项不会失效，会继续指导数据转发。SDN GW BGP 配置参数如图 Q159-2 所示。

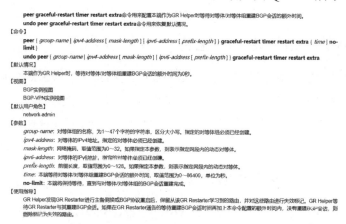

图 Q159-2 SDN GW BGP 配置参数

Q160. 和 MC-LAG 大二层网络相比，SDN 网络的优势是什么？

一、避免业务域二层环路风险

基于大二层网络某些场景的组网需要，如移动 NFV 非 SDN 组网，业务 TOR 既上行到业务 EOR，又上行到管理 EOR。在部署完跨设备链路聚合 MC-LAG 后，一对 TOR/EOR 可以虚拟成一个逻辑 TOR/EOR，这样就在组网上构成一个环，如图 Q160-1 所示。

MC-LAG 要求 EOR 和 TOR 之间的 STP 需要 Disable，从而使这个环形组网成为一个没有协议规避环路的陷阱。在配置期间，若忽视这个问题，在业务 TOR 上行到业务 EOR 和管理 EOR 的链路上透传相同的 VLAN，就会形成环路。

SDN 的 Underlay 网络采用三层组网，以路由的形式实现 VTEP 之间的互通，从而避免了业务域二层环路风险。

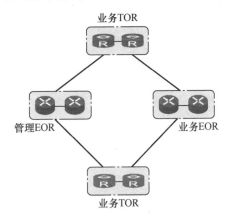

图 Q160-1　业务域 TOR 和 EOR 之间的逻辑组网

二、提高网络部署效率

上层网元在对自身网络进行增加、删除、修改、查询的调整时，业务 EOR 配对路由器（SDN GW）上的对应配置不用人工操作，由网元侧自动下发，相比非 SDN 环境下的纯手动配置，部署的工作量大大减少，出错概率大幅降低，为新业务的快速上线和灵活拓展提供了支持。

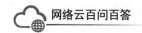

三、增强内网的安全性

SDN 网络的控制层和转发层分离，控制器对 OpenFlow 交换机下发流表，对经过 OpenFlow 交换机的数据流进行指导转发，并可以对这些流按照预定的规则进行检查控制，以增强内网的安全性。

第 *9* 章 IT 支撑运营

9.1 IT 开发

Q161. 常用的运维自动化技术或工具有哪些?

目前,主流运维自动化技术、工具包括 Zabbix、Prometheus、Puppet、Chef、SaltStack、Ansible 等。

Zabbix 和 Prometheus 属于开源自动化监控工具,主要用于设备信息、性能指标的采集与监控,即"读"操作,通过在目标设备上安装代理 Agent 的形式进行操作。Zabbix 出现相对较早,也更为成熟,其采用关系型数据库,更容易上手,比较适合服务器的自动化监控;Prometheus 相对较新,其采用时序数据库,性能更优,配置较复杂也更灵活,比较适合在云原生环境下的自动化监控。

Puppet、Chef、SaltStack、Ansible 主要用于 IT 基础设施的批量自动化配置操作,即"写"操作。Puppet 和 Chef 出现较早,采用 Agent 方式部署,配置较复杂,其基于 Ruby 开发,运维脚本的编写对开发要求较高。目前,SaltStack 和 Ansible 在业界使用较为广泛,均基于 Python 开发,脚本编写门槛较低,部署、配置相对快速、简单。SaltStack 支持代理和无代理两种方式,通过 ZMQ 或 SSH 连接,在 ZMQ 方式下任务并发性能较高;Ansible 支持无代理的方式部署,避免对目标设备的侵入,支持灵活的二次开发,在开源社区活跃度最高,很多问题都能在社区中找到解决方案。

此外,在自动测试方面的性能测试工具有 LoadRunner 等,在自动持续集成方面的工具有 Jenkins 等。

Q162. 网络云运维开发，数据从哪来？

网络云运维开发涉及多种数据，包括基础设备数据、资源关联拓扑数据、配置数据、业务数据、性能数据、告警数据、工单数据、日志数据等，具体如下。

（1）基础设备数据、资源关联拓扑数据、配置数据可通过设备的 IPMI 接口、资管系统、网络云 CMDB、OpenStack API、VIM/PIM（如 eSight）、存储设备 API 及 NFVO+的 C9 接口获取。

（2）业务数据一般来自业务上云设计文档，或者调用业务管理系统的相关接口获取。

（3）性能数据可以通过 NFVO+的 C9 接口获取，也可以通过性能数据共享平台获取，还可以通过指令或脚本从网络云设备主动采集（如 SNMP 采集、4A 指令通道登录设备直接采集等）。

（4）告警数据可以从网络云 NFVO+的 C9 接口、故障管理系统或虚拟层厂家 PIM/VIM 的相关接口获取。

（5）工单数据可以从集团及省份内 EOMS 获取。

（6）日志数据可以通过设备厂家日志接口或统一日志平台来获取。

Q163. 哪些网络云运维工作可以自动化或脚本化？

网络云资源池设备量大，但是标准化程度较高，在日常运维中例行的大批量重复性的工作都可以使用脚本自动完成。

例行的采集工作包括硬件信息采集、VLAN 分配采集、IP 信息采集、LLDP 采集、设备基本信息采集、系统软件配置信息采集、账号信息采集、性能数据采集。

例行的配置工作包括账号创建、账号权限、密码修改、防火墙策略修改、系统配置修改等。

例行的格式化数据处理包括日志数据处理、告警标准化处理。

其他例行工作包括巡检、备份、拨测等。

此外，在高可用演练、版本一致性检查、割接前后配置、性能检查、简单故障处理及应急操作等场景，也有部分工作可以自动化、脚本化。

Q164. 低代码、零代码技术及应用场景有哪些?

低代码、零代码的主要适用场景是解决相同业务领域下的差异化问题,主要是指通过屏蔽一些开发技术细节,简化编程过程,降低编程门槛,使没有编程基础的人员也能快速开发出业务功能,同时保证所开发程序的健壮性和安全性。

网络云的新特点及 5G 业务特性,决定了网络云运维工作开始面对不确定性和易变性。如果继续依赖传统的运维支撑手段开发模式,很难满足 5G 时代的运维需求,因此,通过低代码、零代码技术,快速"组装"出应用,将原来需要一个月甚至几个月的开发周期,缩短到一周甚至几天。

1. 自动化任务

自动化任务通常包括采集现网数据、数据逻辑分析、操作现网三步。如果按照传统软件开发流程,各个步骤模块先单独开发,再进行联调,最后部署上线,时间一般超过一个月。但是,利用低代码技术及自动化运维平台,在现有框架下通过图形化操作或脚本,即可完成这三步功能的编写,一周即可完成联调上线。

2. 流程配置

网络云资源池运维工作需要对上层业务提供多种保障服务。这些保障服务需要流程化,如果通过传统方式,每个流程都开发代码去实现,将会严重拖慢流程IT 化进程。通过流程可配的零代码平台,可视化地编辑新流程的各个环节,定义各个环节的字段、各种依赖条件及转派分支,即可快速实现流程的上线。

3. 指标报表配置

云化网络业务逻辑复杂,指标定义不统一,报表模板迭代快速,数据质量难以保证。通过零代码的指标报表自助配置功能,在界面"拖、拉、拽"即可实现指标定义配置、指标资源关联、报表生成、测试、数据质量检查,快速进行各类数据分析工作。

值得注意的是,不建议某种业务从零开始基于低代码搭建整个业务,而是合理使用这样的方式进行小规模定制,并且把这种定制的差异化隔离在其自身的作用域中,而不对其他业务或客户产生影响。

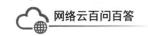

Q165. 敏捷项目管理如何实施？

敏捷是不断规划、执行、学习和迭代的过程，敏捷项目管理简化了传统项目管理的烦琐流程和文档。以 Scrum 为代表，当需求不明确的时候，以在较短的周期内开发出可用的软件为目标，来帮助客户描述自己的需求。在迭代过程中的需求变更会加入项目持续迭代需求池，丰富项目的产品功能，从而使产品快速上线、快速收到用户反馈、快速迭代优化。

敏捷项目管理通常可以分解为以下几步。

1．通过战略会议定义愿景

在开始新项目时，要做的第一件事情是定义产品的业务需求，或者说定义想要达到的愿景，例如，为什么想要做这个产品，产品蓝图是什么样子，以确保在实施过程中不会跑偏。

2．绘制产品路线图

将愿景变成产品路线图，拆解出具体需求，并厘清需求优先级、粗略估算产品每个需求的时间。

3．制订发布计划

敏捷项目都会有多次发布过程，但并不意味着完全随机，仍然需要有一个总体计划以确保一切可控。

4．制订迭代计划

迭代（Sprint）是通过短期研发完成具体任务来达到目标的过程。每次迭代开始前，通过全体成员参加的评审，将本次需要发布的功能从需求池里挑选出来，作为当次的冲刺目标。评审会上将需求对应的开发任务进行拆解，并由开发人员认领，以确保全体成员目标一致。

5．每日站会

通过每日站会，在每次迭代过程中不断确认项目组有没有遇到阻碍，同时保证能准时完成既定目标。

6. 回顾总结

每次迭代周期结束后，不管该次产品版本有无成功交付，都需要开展迭代周期总结，借此向团队成员和利益相关者展示成果、总结经验，以便更好地应对下一个周期。

在实施敏捷过程中，注意遵循以下四点原则：

（1）个体和互动高于流程和工具；

（2）工作的软件高于详细的文档；

（3）客户合作高于合同谈判；

（4）响应变化高于遵循计划。

Q166. 网络云自研开发需要具备哪些技能？

网络云自研开发是一个综合性强、难度大的工作。

简单来说，要实现这一项工作，首先必须具备扎实的网络云运维业务知识，了解网络云体系架构（包括 OpenStack、KVM 等虚拟化平台、数通技术等），掌握网络云基本运作方式，熟悉承载业务及业务与基础设施之间的关联。

在具备基本业务技能后，要搭建稳定、健壮、适应性强、拓展性好的运维工具平台，还需要掌握一些主流的编程开发言语，如 Python、Java、JavaScript、Shell 等，并对一些常用的开源运维工具有深入的了解，如 Ansible、SaltStack等，能够阅读其源代码并消化吸收进行封装改造，快速开发功能强大、针对性强的运维工具。

另外，网络云设备数量多，要实现跨网络、跨资源池的运维开发还需要掌握 MQ 消息中间件、Kafka 流处理、Redis 高速缓存、MySQL 数据库、时序数据库、非结构化数据库的使用与性能调优。为适应网络云多厂家、多型号的运维开发，还需要具备一定的指令适配能力。

最后，熟悉敏捷开发框架和工具，对于网络云自研开发也有很大帮助。

Q167. 如何实现网络云资源池海量设备高效自动化运维？

网络云资源池设备数量多、业务保障等级高、维护时效高。要实现海量设备高效、稳定地自动化运维，需要做到以下几点。

（1）明确日常作业工作项、流程、人工实现方案，如巡检、备份、配置检查等，并从中提炼出自动化规则、动作等。

（2）标准化日常作业的操作输出，如备份清单、配置检查目录、巡检项和参考值等。

（3）根据标准化作业形成作业脚本或作业代码，实现快速批量作业。

（4）为确保自动化批量作业的高效、稳定，可采用分布式作业架构，将资源池划分为不同作业执行区，分摊作业压力，同时区域之间相互隔离、互不影响；为避免某些作业执行时间过长出现拒绝服务的情况，可采用异步作业方式，作业下发与结果处理分离；底层自动化框架、引擎可采用无状态的高可用部署，一个节点发生故障时不会影响其他节点，同时作业系统自动隔离故障节点，确保后续作业分发到正常节点，尽可能保持系统状态可用。

（5）调研线上作业流程，开发对接流程 API，构建流程自动调度作业工具，自动采集作业结果并闭环。

（6）开发和运营低代码、零代码平台，各专业组根据运维需求，构建和丰富自动化作业工具、应急保障工具、资源数据运营工具等。

Q168. 运维脚本的原理和机制是什么？

脚本是一种由解释型语言写成的可执行文件，通常将重复性的、固定的动作编写成脚本，以降低工作量并提高动作执行效率。运维脚本则通过脚本将运维操作的相关指令、处理逻辑固化下来，再由自动化工具分发到目标设备执行，同时采集执行结果进行分析。运维脚本的优势在于脚本语言通常较容易掌握，适合进行逻辑比较简单的操作和分析处理。

常用的运维脚本包括 Shell 脚本、Python 脚本。不管是哪种脚本，其都是通过脚本解释器执行的。脚本解释器会分析输入的语句，经过词法分析、语法分析、语义分析，如果都没有错误，系统就知道要调用什么、执行什么操作，然后输出结果。脚本的执行结果与一条条指令单独执行的结果相同。

那么，这里有个问题，如果目标设备没有对应的脚本解释器会怎样？这时候，通常在具备脚本解释器的设备上完成对脚本的解析，先将最终指令一条条发往目标设备，收到目标设备的指令执行结果后，再进行逻辑判断，以决定后续脚本执行与否。

在网络云运维环境下，通常通过 4A 指令通道封装 API，并与自动化平台对接。平台内部署的自动化工具（脚本）通过 4A 指令通道代填账户和密码，下发指令集，常应用于网络设备、主机设备；自动化平台前置机对接网络云管理域各系统，如 VTM、PIM 等，实现数据采集和指令下发。

9.2　IT 创新

Q169. 创新如何定义及分类？

创新是利用已存在的自然资源创造新东西的一种手段，是以新思维、新发明和新描述为特征的一种概念化过程。创新理论之父熊彼特认为，创新就是建立一种新的生产函数，即把一种从来没有过的关于生产要素和生产条件的"新组合"引入生产体系。一项新发明和新技术的产生并不是真正意义上的创新，只有将它与产业和生产要素进行有机结合，并投入市场中去，才能推动经济发展。

创新有三个要素：

（1）创新必然带来新元素，新元素可以是新方法、新技术、新商业模式、新管理方式；

（2）创新必然带来价值增量，可以提高效率、降低成本、提升用户体验等；

（3）创新必须是可实现的，不能是空想。

创新总体来说可以分为三大类：业务服务创新、技术创新、综合管理创新。就运营商来说，其分别涵盖以下几个方面。

（1）业务服务创新包括商业模式创新、市场营销创新、服务文化创新、服务模式创新、产品研发创新、产品运营创新等。

（2）技术创新包括：网络优化、网络规划建设、网络运维相关的创新，IT 业务系统、IT 决策、信息化等 IT 方面的创新，IDC 数据中心、物联网等数字化服务的创新。

（3）综合管理创新包括企业文化创新、人才培养体系创新、绩效考核创新、审计创新、供应链管理创新、战略管理创新等。

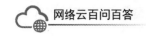

Q170. 创新实践的注意事项有哪些?

创新必须结合实际情况来开展,不能为了创新而创新,因此有以下几点注意事项:

(1)要密切关注行业趋势,以及与行业相关热点及发展趋势,结合国家、公司重点战略方向来考虑;

(2)不一定需要全新的创新,可以是对以往成果的优化、提升、再造和变革;

(3)创新要关注对手、竞品的发展情况,从对方的角度思考自己的优势、劣势;

(4)创新要注意思维的转变,切记不可钻牛角尖,不能在一棵树上吊死;

(5)在创新过程中必须考虑如何落地的问题,实际环境的限制条件等都会对最终结果造成影响;

(6)创新不是一蹴而就的,长期来看,创新需要文化的形成、土壤的培养、人员的提升。

Q171. IT 创新的开展步骤有哪些?

IT 创新的过程,可以参考 IT 项目建设的过程,但是在出发点、关键环节及一些细节方面还存在显著的差异。通常来说,IT 创新有以下七个步骤。

1. 提出问题、创建愿景

IT 创新的出发点通常是解决企业的痛点问题,或者企业在一定时期需要自发、主动地进行创新以实现战略新愿景。明确了问题、愿景,才有利于后续开展有针对性的研究。

2. 调研与酝酿

创新工作的调研与一般 IT 项目有较大差别,创新不一定是为了满足某种市场需求,而是有更多战略层面的考虑。因此,在调研时应侧重于预估创新带来的综合价值。另外,由于 IT 创新通常是技术创新,市面上也没有太多成品作为参考,属于探索、突破类工作,可行性研究意义不大,因此需要从纯技术方面多下功夫进行预研,并对这一阶段所获得的各种资料和事实进行消化吸收,酝酿出创新的目标和基本做法。

3．计划

计划阶段与一般 IT 项目管理较为类似，前一阶段明确了目标，此时便针对目标设置具体执行计划。需要注意的是，创新项目的干系人范围通常比 IT 项目的干系人范围更广，需要仔细识别。

4．实施

与 IT 项目实施过程类似，创新工作通常可参考的内容较少，对创新团队的素质要求比较高，要时刻关注实施过程中团队的表现，合理调整团队结构。

5．验证与评价

创新开展到一定阶段，应对已有成果进行实际环境的验证，并进行科学、合理的评估，明确后续改进、优化措施。

6．修正

在前一阶段基础上，有针对性地对创新成果进行修正。步骤 3～步骤 5 是一个反复迭代的过程，应逐步去糟留精、去伪存真，直至达到最初的愿景和目标。

7．推广

创新工作投入一般相对较大，而直接产出不明显。因此，成果必须推广，并产生规模效应，才能真正创造价值。

Q172. 创新成果如何推广？

创新成果只有通过推广，扩大其适用面，才能进一步产生价值。为更好地促进创新成果的推广，有以下几点值得关注。

（1）在创新成果研究过程中，必须考虑其可复制性、可推广性，降低推广过程中的适配难度，提供各项推广所需的技术手段，尽量提早解决推广过程中可能存在的技术障碍。

（2）推广过程中首先要回答"哪些值得学习""学习什么内容""如何高效转化""如何监控实效"这些引入者关心的问题。

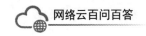

（3）关于推广渠道：内部可以通过建立相关制度、政策，组织定向交流，提供更多的试错机会，来鼓励创新成果的推广和落地，并转化外部推广；外部则通过展会、广告、行业活动等进行成果展示，注意最好有实际应用的优秀案例，以增强引入者的信心。

在网络云运维工作中，由于各节点省份网络架构设计、硬件及软件的技术标准一致，因此比较利于网络云相关成果在各节点省份进行推广。

Q173. 创新成果如何评价？

对创新成果的评价通常从"战略、目标、创新、风险、投入产出"五个主要价值维度进行，通过对成果进行深度解构，识别确定其各个价值维度的价值水平。

1. 战略

该成果与公司战略是否一致，是否经过高层驱动。

2. 目标

该成果是否有助于公司实现价值提升的目标，与公司行业领域发展目标是否契合。

3. 创新

该成果是否产出优秀的专利或奖项，成果中的技术是否能为我所用。

4. 风险

该成果的应用可能产生的风险及等级评估。

5. 投入产出

该成果落地的总投入是否在可行范围内，应用该成果所获得的经济效益、社会效益如何。

Q174. 创新的点子从哪里来？

创新的点子不是无中生有，而是在具备了一定技术能力、积累了丰富的实际生产经验，同时对相关技术、产品、政策的趋势也有相当的了解之后，产生的创新的火花。在网络云运维工作中，创新的点子通常来自以下几个方面。

1．来自实际运维工作

在日常工作中深刻理解运维工作的一些痛点，可以是技术方面的、流程方面的、服务方面的和管理方面的。

2．来自对其他类似生产场景的思考

例如，移动云资源池的一些优秀技术成果或经验，可以借鉴到网络云资源池运维工作中来。

3．来自其他专业与领域

网络云资源池承载着多个专业的 VNF，虽然资源池本身相对 IT 化，但实际运维工作与其他专业仍密不可分，需要借鉴、学习其他专业多年来积累的丰富技术、经验。

4．来自行业外部交流

当前时代，故步自封无疑不利于创新的培养。多多开展行业交流，尤其是技术相对领先的互联网行业的交流，可以为网络云运维创新带来更多新的思考方向。

Q175. 创新成果落地需要哪些资源或条件？

创新成果只有落地才能发挥其价值，在落地过程中需要的资源和条件包括：

（1）以实际生产需求为牵引，针对痛点、短板、迫切的需求进行创新成果转化或落地，才能具备实施到底的决心和动力；

（2）创新成果转化相关的制度必须完善，不仅应对创新成果提出者进行奖励，对创新成果引入者也要有相应的鼓励机制；

（3）建立合理的成果转化风险分担机制，以解决某些创新成果引入成本大、引入者决心不够的问题；

（4）创新成果落地需要良好的生态环境，相关部门、政策要为创新成果落地服务，而不是形成各种障碍；

（5）创新成果落地对人员也有一定要求，一方面要求具备开放、包容的思维，另一方面要求与时俱进、积极学习，具备引入创新成果需要的技能。

9.3　IT 管理

Q176. 硬集随工包含哪些步骤？每个步骤具体涵盖什么事项？

硬集随工步骤如图 Q176-1 所示。

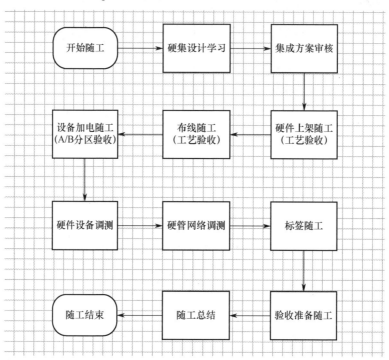

图 Q176-1　硬集随工步骤

1. 开始随工

中国移动网络云维护部门提前从计划建设部门获知网络云硬集工程建设计划，以及集成商、硬件设备厂商等建设信息，并参加工程项目启动会获知开工时间，组织掌握本期硬集工程可研方案等已有技术文档，按照网络云建设指导意见，提出维护部门的修订意见。

2. 硬集设计学习

网络云维护人员联系计划建设部门获知本工程详细设计文档及本工程设计院

负责人员信息，对设计文档内资源部署规划方案、组网方案、安全方案、业务开通和计费方案、网管和 4A 接入方案、时间同步方案、码号方案、设备端口方案、分光器方案、到承载网 / CMNET 带宽需求核算、承载网络传输规划、电源系统及机架功耗等信息进行复核，作为后续工程的验收依据。

3. 集成方案审核

网络云维护人员根据本期工程设计文档，要求集成商提供详细工程集成实施方案，对方案内硬件设备命名及安装、线缆连接及布放、VLAN / IP 地址规划进行提前审核，在集成商完成全部详细设计后，根据硬集验收自动化工具使用情况，要求集成商根据模板同步提供自动化验收工具所需基础信息表。

网络云维护人员独立完成本期工程各硬件资源池内线缆连接数量计算，包括服务器到 TOR 交换机（包括业务、存储、管理和硬管，下同）、TOR 交换机到 TOR 交换机、TOR 交换机到 EOR 交换机（包括业务、存储和管理，下同）、EOR 交换机到 EOR 交换机、EOR 交换机到防火墙 / CE / CMNET 接入路由器 / EOR 配对路由器 / SDN 网关 / 其他安全设备 / 分光链路连接单独核算、CE / CMNET 接入路由器 / 防火墙到资源池出口 ODF，确认与集成方案和自动化验收工具入库信息表一致。

4. 硬件上架随工

网络云维护人员根据本期工程施工计划，在服务器等硬件设备到货上架施工阶段，参与督导服务器规范上架、文明施工，严禁翻转、堆叠运输已拆除包装服务器，确保服务器上架施工的规范性，避免后续硬件故障隐患。

5. 布线随工

网络云维护人员按需参与硬件设备间线缆布放，重点关注布线隐蔽工程部分布线合规情况，如机柜顶端硬管网线捆扎情况、光纤曲率半径情况、走线槽内光纤布放情况、走线槽内杂物清理情况等。

6. 设备加电随工

网络云维护人员提前联系动力维护专业人员获知本期工程动力连接情况，对本期工程相关的高低压配电、油机配置、UPS 配置、空调制冷配置等进行明确，输出动力连接示意图、2N UPS 组到资源池内各列头柜连接关系，若具备操作条件，则可在设备加电前对 UPS 到 PDF、PDU 的连线正确性进行提前验收确认。

7. 硬件设备调测

网络云维护人员参与加电后硬件设备初始化配置，根据集团公司统一要求确认各硬件设备固件版本、参数配置，对厂商配置工具 / 方法进行随工学习。

8. 硬管网络调测

网络云维护人员根据前期确认的资源 VLAN / IP 地址规划，获取网络设备厂商配置脚本，掌握资源池网络平面 VLAN / IP 路由配置信息。

9. 标签随工

网络云维护人员根据集团公司统一标签格式，对服务器、网络设备、安全设备、分光器、设备侧 ODF 等标签粘贴位置进行确认，明确同类设备 / 线缆标签粘贴位置一致性原则，对打印后的标签质量进行提前审核，避免粘贴不清晰标签。

10. 验收准备随工

根据集团公司硬集验收文档，对本期工程相关建设内容进行确认，提前进行验收工具部署服务器、VLAN / IP 地址使用规划 / 配置，完成验收工具调测。

11. 随工总结

网络云维护人员根据本期工程随工情况，完成随工总结，对工程内计算资源、存储资源、网络资源建设规模和详细信息进行输出和存档，将随工过程中发现的集成厂家相关问题反馈给计划建设部门。

12. 随工结束

网络云维护人员确认本期工程已完成全部建设内容，在具备验收条件后完成随工工作，进入工程验收工作。

Q177. 网络云设备入网、退网包含哪些步骤？

一、网络云设备入网步骤

网络云设备入网具体步骤如图 Q177-1 所示。

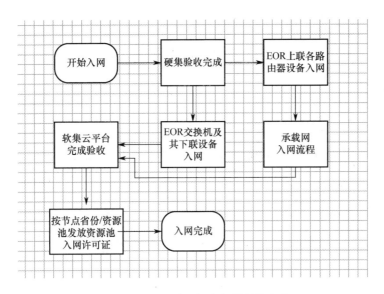

图 Q177-1　网络云设备入网具体步骤

硬集阶段以本期节点省份网络云资源池为单位，节点省份网络云维护部门完成当期硬集工程全部验收项后，启动硬件入网流程，将《硬集验收用例三方签字确认报告》扫描报集团公司网络部审核，集团公司网络部审核确认硬集验收通过后，硬集部分 EOR 交换机及其下联全部硬件设备正式入网，EOR 交换上联 EOR 配对路由器、CE 设备、CMNET 接入路由器设备因需要同承载网设备完成对接，按照《中国移动通信网设备版本入网管理办法》内承载网设备入网流程执行，本阶段不发放入网许可证。

软集阶段以本期节点省份网络云资源池为单位，节点省份网络云维护部门完成当期软集工程云平台部分验收后，启动云平台入网流程，将《云平台验收用例三方签字确认报告》扫描报集团公司网络部审核，集团公司网络部审核确认节点省份资源池在完成云平台部分验收后，为每个节点省份当期网络云资源池发放入网许可证，许可证仅适用于当期本节点省份网络云资源池。

对已入网网络云资源池进行虚拟化软件、分布式存储补丁加载及版本更新割接的，须以网络云资源池为单位进行回归测试，完成测试验证后进行入网许可证更新。

对已入网网络云资源池进行软硬件设备扩容的，须根据扩容场景完成新增部分硬集、软集验收，同时在完成整资源池软集回归验收后，变更本资源池入网许可证。

二、网络云设备退网步骤

网络云设备退网具体步骤如图 Q177-2 所示。

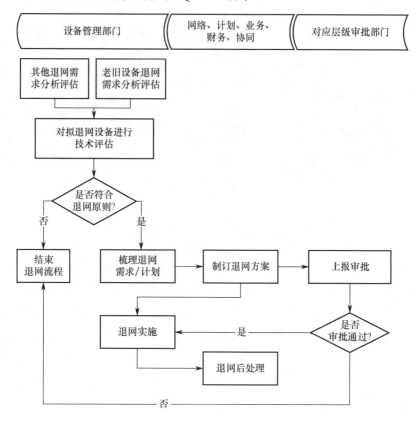

图 Q177-2　网络云设备退网具体步骤

　　网络云维护部门在进行设备退网前，对退网设备运行使用情况进行技术分析，进行拟退网硬件设备承载业务信息梳理，要求业务部门提供原承载 VNF 迁移（备份）信息，在确认上层承载业务均已完成迁移后，设备空载。设备空载时间不低于 10 个工作日，确认空载后业务均正常，判断设备符合退网条件，提供资产清单、原资产用途、设备是否还可以正常运行、退网原因、退网依据等信息。

　　网络云维护单位制订退网时间计划表和退网实施方案，根据退网时间计划表进度安排和退网实施方案具体实施。

设备退网计划确定后，需要向集团公司网络部申请审批，由设备归属网络管理部门在设备退网计划时间点前一个月以 OA 文件的形式，向集团公司网络部提交退网申请。退网申请应包括如下基本信息：退网设备名称、设备生产厂家、设备型号、设备入网时间、承载业务类型、设备编码、退网原因、退网技术评估表、退网时间计划表、退网实施方案、退网设备的后处理方式。

集团公司网络部收到设备归属网络管理部门退网申请后，对退网申请进行审核，十个工作日内向设备归属网络管理部门反馈审核批复。设备归属网络管理部门收到集团公司网络部审核批复后，根据批复结果进行退网取消或退网实施。

设备退网操作的业务卸载、设备下电、设备拆除、设备拆除后处理、IP 资源回收等几个阶段，每个阶段必须在上个阶段完成后才能进行。退网操作不得影响现有网络平稳运行，若存在影响现有网络运行风险，业务卸载、设备下电等重要阶段须制订应急方案，并且退网操作各个阶段开始时间不得早于晚 24:00。退网实施过程中和完成以后，进行必要的网络业务情况跟踪观察和验证，确保网络平稳运行。

Q178. 网络云网络割接按重要程度和影响范围分为哪几类？如何区分？

网络云网络变更按重要程度及影响范围分为 A 类、B 类、C 类、D 类四级。

一、满足以下任意一条为 A 类变更

（1）单硬件资源池出口层、核心层网络设备维护操作，预期造成到承载网成对 AR、CMNET 双平面两对核心路由器网络中断超过 30 分钟的操作。

（2）单硬件资源池核心层存储 EOR 设备维护操作，预期造成资源池内前后端存储连接中断超过 30 分钟的操作。

（3）单硬件资源池软件补丁加载，预期造成承载业务中断超过 30 分钟的操作。

（4）对整资源池、EOR 及以上网络设备、分布式存储等进行安全扫描操作。

（5）单硬件资源池分布式存储软件升级或补丁加载，预期造成资源池内块存储服务不可用超过 30 分钟的操作。

（6）单硬件资源池内超过 50%（含 50%）的服务器进行硬件、HostOS 网络调整，预期造成承载业务中断超过 30 分钟的操作。

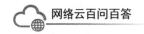

二、满足以下任意一条为 B 类变更

（1）单硬件资源池出口层、核心层网络设备维护操作，预期造成到承载网成对 AR、CMNET 双平面两对核心路由器网络中断超过 15 分钟的操作。

（2）单硬件资源池核心层存储 EOR 设备维护操作，预期造成资源池内前后端存储连接中断超过 15 分钟的操作。

（3）单硬件资源池出口层、核心层网络设备维护操作，预期造成到承载网单 AR、CMNET 单平面成对核心路由器网络中断超过 30 分钟的操作。

（4）单硬件资源池 CloudOS 升级或补丁加载，预期造成承载业务中断超过 15 分钟的操作。

（5）单硬件资源池分布式存储软件升级或补丁加载，预期造成资源池内块存储服务不可用超过 15 分钟的操作。

（6）单硬件资源池内超过 30%、低于 50%（含 30%）的服务器进行硬件、HostOS 网络调整，预期造成承载业务中断超过 30 分钟的操作。

三、满足以下任意一条为 C 类变更

（1）单硬件资源池出口层、核心层网络设备其他维护操作。

（2）单硬件资源池分布式存储系统其他维护操作。

（3）单硬件资源池 CloudOS 其他维护操作。

（4）成对 TOR 交换机维护操作，预期造成所在网络平面连接中断超过 15 分钟的操作。

（5）超过 30 台计算服务器 / 管理服务器或 HostOS 维护操作，造成服务器承载虚拟机停机或服务中断超过 15 分钟的操作。

（6）单硬件资源池核心层存储 EOR 设备维护操作，预期造成资源池内单存储 EOR 前后端存储连接中断超过 30 分钟的操作。

四、满足以下任意一条为 D 类变更

（1）单台 TOR 交换机维护操作。

（2）不超过 30 台计算服务器 / 管理服务器或 HostOS 维护操作。

（3）其他维护操作。

五、备注

网络云硬件资源池相关操作影响所承载 VNF 业务范围达到核心网 A 类、B 类、C 类、D 类操作标准，则按照核心网标准上报核心网专业。

Q179. 网络云网络策略调整变更管理的定义及其流程是什么？

网络策略调整变更管理是，根据业务保障和网络维护的需要，提出网络策略调整变更需求，并对该类需求方案进行统一审核，对需求执行结果进行统一管理的流程。

网络策略调整变更管理流程如下。

1. 申请流程

网络策略调整变更申请流程包括变更需求制订、申请、受理、审批四个方面。

变更需求制订阶段要在分析变更需求对现有网络的影响范围及风险后，制订或审核网络变更的技术方案。

变更需求申请、受理、审批阶段要在变更需求方案审核完成情况下按流程提交申请，相关负责人受理完成后审批通过，方可执行。

当业务应用需要进行网络策略的配置和调整时，业务专业应填写网络策略配置需求表，明确需要新增、删除和变更的网络策略及具体操作时间，并通过工单系统提交网络云专业审批通过后方可实施。

网络云专业应及时审批业务专业的配置需求，确定配置计划和测试方案，按照变更流程完成网络策略配置。

集团公司和省公司应定期整理和更新各业务应用网络策略配置表，并发布至各业务专业，确保业务应用网络策略的准确性和实时性。

对于在紧急情况下的网络调整（如针对故障恢复），在网络调整方案完备的前提下，省公司可以通过邮件、电话等紧急方式进行相应的审批、通知流程，并在紧急网络调整完成之后的 24 小时以内及时完成补报流程。

2. 跟踪检查流程

网络策略调整变更跟踪检查流程主要是指网络策略调整变更实施结果的确认（统一掌握全网资源和配置更改情况），以及后续跟踪检查。

第三篇

DT 技术篇

第 *10* 章 AI 应用

10.1 常用算法

Q180. 智能运维中的常用算法有哪些？

一、智能关联、聚类分析类场景常用算法

智能关联、聚类分析类场景常用算法主要有 Apriori 算法、PCY 算法、多阶段算法、多哈希算法、FP-Tree 算法、XFP-Tree 算法、GPApriori 算法。其中，Apriori 算法及其改进算法目前在告警关联、告警根因分析中应用较多。

二、预测类场景常用算法

预测类场景常用算法有线性回归、随机森林、支持向量机（Support Vector Machine，SVM）算法、集成学习（模型融合算法）、决策树算法等。其中，随机森林、支持向量机算法、决策树算法在预测故障的场景中已有应用。

三、异常检测类场景常用算法

异常检测类场景常用算法有无监督的时序分类算法、缺失值填补算法、单项时间序列异常检测算法、稀疏矩阵检测算法等。目前，单项时间序列异常检测算法在各类性能指标的监控中使用较为普遍。

四、人机交互类场景常用算法

人机交互类场景常用算法有自然语言处理（NLP）、动态自适应算法、自然语言处理 BERT 等。其中，自然语言处理在各类运维机器人、智能助手等应用中基本都有使用。

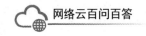

Q181. 常见的神经网络分类有哪些?

常见的神经网络分类有:

(1) 感知机 (Perceptron);

(2) 卷积神经网络 (Convolutional Neural Network, CNN);

(3) 循环神经网络 (Recurrent Neural Network, RNN);

(4) 深度自编码器 (DeepAuto Encoder, DAE);

(5) 玻尔兹曼机 (Boltzmann Machine, BM);

(6) 深度信念网络 (Deep Belief Network, DBN);

(7) 深度残差网络 (Deep Residual Network, DRN);

(8) 生成对抗网络 (Generative Adversarial Network, GAN)。

Q182. 如何理解朴素贝叶斯分类算法?

贝叶斯分类算法是一类分类算法的总称,这类算法均以贝叶斯定理为基础,而朴素贝叶斯分类算法是贝叶斯分类算法中最简单、最常见的一种分类算法。其原理是:首先通过先验概率,利用如下贝叶斯公式计算出后验概率;然后选择最大后验概率所对应的分类作为最终结果。

$$P(c \mid x) = P(c)P(x \mid c) / P(x)$$

式中,$P(c)$是类"先验"概率;$P(x \mid c)$是样本 x 相对于类标记 c 的类条件概率;$P(x)$是用于归一化的"证据"因子。对于给定样本 x,"证据"因子 $P(x)$与类标记 c 无关,因此估计 $P(c \mid x)$ 的问题就转化为如何基于训练数据来估计 $P(c)$和$P(x \mid c)$ 的问题。

Q183. 决策树是什么?

决策树是一类常见的机器学习算法。以二分类任务为例,我们希望从给定训练数据集学得一个模型用于对新样本进行分类。这个把样本分类的任务,可以看作对"当前样本属于正类吗"这个问题的"决策"过程。决策树是基于树结构进行决策的，它和人类在面临决策问题时的处理机制类似。例如，我们在对"这是好瓜吗"这样的问题进行决策时，通常会进行一系列的判断。我们先看"是什么颜色"，如果是"青绿色"，我们再看"它的根蒂是什么形态"；如果是"蜷缩"，我们再判断"它敲起来是什么声音"，最后我们得出最终决策——这是个好瓜[8]。

一般来说，一棵决策树包含一个根节点、若干个内部节点和若干个叶节点。根节点包含样本全集；叶节点对应决策结果，其他每个节点则对应一个属性测试；每个节点包含的样本集合根据属性测试结果被划分到对应的叶节点中。从根节点到每个叶节点的路径对应了一个判定测试序列[8]。

决策树学习的目的是产生一棵泛化能力强，即处理未见实例能力强的决策树，其基本流程遵循简单、直观的"分而治之"策略。在预测时，在树的内部节点处用某个属性值进行判断，根据判断结果决定进入哪个分支节点，直至到达叶节点得到分类结果。这是一种基于 If-Then-Else 规则的有监督学习算法[8]。

Q184. 线性分类器有哪些组成部分？

线性分类器由权重矩阵 W、偏差向量 b、评分函数、损失函数这几个关键部分组成。

一、权重矩阵 W（Weights）

权重矩阵 W 是由所有分类对应的模板向量 w 组成的矩阵。

二、偏差向量 b（Bias Vector）

b 为偏差向量，假如不设置 b，则所有分类线都会通过原点，就起不到分类作用了。

三、评分函数（Score Function）

$$f(x_i, W, b) = Wx_i + b$$

评分函数是从原始图像到类别分值的映射函数，使用线性方程计算分数。

四、损失函数（Loss Function）

损失函数可以计算预测分类和实际分类之间的差异。通过不断减小损失函数的值，达到减小差异的目的，从而得到对应 W 和 b 的值。

10.2　模型构建

Q185. 什么是编译模型?

编译器在看到模板定义的时候,不会立即产生代码;只有在看到、用到模板的时侯,如调用了函数模板或类模板的对象的时候,才会产生特定类型的模板实例。

一般而言,在调用函数的时候,编译器只需要看到函数的声明。在定义类类型的对象时,类定义必须可用,但类成员函数的定义不是必须存在的。因此,应该将类定义和函数声明放在头文件中,而将普通函数和类成员函数的定义放在源文件中。

模板则不同,要进行实例化,编译器必须能够访问定义模板的源代码。当调用函数模板或类模板类的成员函数的时候,编译器需要函数定义,需要那些通常放在源文件中的代码。

标准 C++为编译模板代码定义了两种模型,即包含编译模型和分别编译模型。

所谓包含编译模型,就是将函数模板的定义放在头文件中。因此,对于上面的例子,就是将 temp.cpp 的内容都放在 temp.h 中。

包含编译模型有个问题,如果两个或多个单独编译的源文件使用同一个模板,这些编译器将为每个文件中的模板产生一个实例。因此,给定模板会产生多个相同的实例,在链接的时候,编译器会选择一个实例进行实例化而丢弃其他实例。

在分别编译模型中,编译器会跟踪相关的模板定义。我们必须让编译器知道要记住给定的模板定义,因此需要使用 export 关键字。但是,实际上很多编译器都不支持这个关键字,而且 C++将这个关键字设置为 unused 和 reserved。

Q186. 什么是拟合模型?

如果待定函数是线性的,则其就叫作线性拟合或者线性回归(主要在统计学中),否则其叫作非线性拟合或者非线性回归。待定函数的表达式也可以是分段函数,在这种情况下其叫作样条拟合。

形象地说,拟合就是把平面上一系列的点用一条光滑的曲线连接起来。因为这条曲线有无数种可能，所以拟合方法有多种。拟合曲线一般可以用函数表示，根据这个函数的不同有不同的拟合名称。在 MATLAB 中可以用 Polyfit 拟合多项式。

拟合、插值、逼近是数值分析的三大基础工具，通俗意义上它们的区别在于：拟合是已知点列，从整体上靠近它们；插值是已知点列，并且完全经过点列；逼近是已知曲线或者点列，通过逼近使构造的函数无限靠近它们。

Q187. 什么是聚类分析？

在无监督学习中，训练样本的标记信息是未知的。它的目标是，通过对无标记训练样本的学习来揭示数据的内在性质及规律，从而为进一步的数据分析提供基础。此类学习任务中研究最多、应用最广的是聚类。

聚类试图将数据集中的样本划分为若干个通常不相交的子集，每个子集称为一个"簇"。通过这样的划分，每个"簇"可能对应于一些潜在的概念（类别），如"浅色瓜""深色瓜""有籽瓜""无籽瓜"等。但是，这些概念对聚类算法而言事先是未知的，聚类过程仅能自动形成"簇"结构，"簇"所对应的概念语义需要由使用者来把握和命名。

聚类既能作为一个单独过程，用于找寻数据内在的分布结构，也能作为分类等其他学习任务的前驱过程。例如，在一些商业应用中需要对新用户的类型进行判别，但定义"用户类型"对商家来说可能不太容易，此时往往可先对用户数据进行聚类，根据聚类结果将每个"簇"定义为一个类，然后基于这些类训练分类模型，用于判别新用户的类型[9]。

Q188. 如何应用 AI 实现根因定位？

云化分层解耦后，网元设备多、类型多，发生故障产生的告警多、日志多、指标多。告警之间关联关系复杂且数量庞大，传统人工分析不仅效率低，对运维人员的个人能力要求也比较高；加之没有标准方法和模型，难以跨节点省份共享，故障定位的时限得不到保障。因此，需要通过固化专家经验，生成故障规则库，利用 AI 算法快速发现和收敛 NFVI 层的故障告警，以历史告警和资源关系拓扑为基础，去除重复信息，生成清洗数据。基于故障规则库，通过 AI 引擎进行模型的智能化、自动化匹配，给出根因设备信息，实现故障处理能力前移，缩短平均缺陷修复时间（MTTR），以保障业务的高可用度。根因定位流程如图 Q188-1 所示。

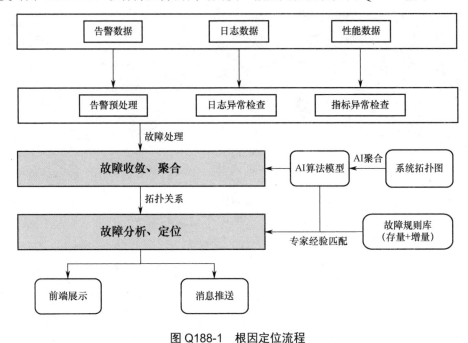

图 Q188-1　根因定位流程

Q189. 构建日志数据 AI 模型的作用是什么？

日志数据反映了系统的运行状态，记录着特定的事件信息，快速、准确地发现异常日志数据对维护资源池的稳定运行至关重要。推进 AI 赋能，增强数据安全壁垒，保障系统数据全流程安全，将日志数据和 AI 技术相结合。深化日志分析模型，增强态势感知能力，建立安全数据自适应能力，提升数据溯源的分析能力。增强态势感知能力，要充分将数据安全管控平台数据和 AI 技术相结合，从海量数据中挖掘威胁情报。主动发现、识别和梳理目标风险，提供主动拦截、安全预警能力。基于业务和防护需求，定义数据分析目标，主动探索数据，使用大数据分析技术来建立安全数据的自适应 AI 模型；然后基于模型进行预测、分析、训练、调优等，挖掘出日志数据中存在的巨大价值。通过对日志数据进行联动溯源分析，发现下游系统采集数据过程中存在的风险、疑似威胁、异常行为等。

10.3　智能运维

Q190. AIOps 是指什么？

AIOps（Artificial Intelligence for IT Operations，智能运维），是指利用大数据，结合人工智能算法、技术及各种智能手段，并应用到运维领域以提升运维效率。其原本的含义是基于算法的 IT 运维，算法是 AIOps 的核心价值。由于 AI 技术的火热发展，Gartner 在 2018 年把 AIOps 的含义由算法升级为智能，并指出"云管平台同时使用多个数据源、多种数据采集方法及分析和展现技术，广泛增强 IT 运维流程和提高事件管理效率，可用于性能分析、异常检测、事件关联分析、ITSM 和自动化等场景"。

在当前网络云运维工作中，部分运维工作实现了自动化。自动化技术虽然能够有效解决重复性运维工作的人力成本和效率问题，但在复杂场景下的故障处理、变更管理、容量管理等过程，仍需要运维人员进行决策。AI 技术使得机器能够代替人做出决策，从而让网络自动驾驶成为可能。AIOps 将人工总结运维规则的过程转变为自我提炼、学习、迭代的过程，同时将这种 AI 化渗透至运维的监测、分析、决策、修复及总结全过程中。

AIOps 可以是一个平台、一个产品，也可以是一种理念、一种运维转型的策略。在 AIOps 实际实施过程中，不必拘泥于概念，而要从解决问题的角度出发，在特定的场景设定一些决策规则，以降低运维人员的工作强度，提高工作效率，这也被称为智能运维。AIOps 的构建是一个系统工程，运维的标准化、工具化、自动化、数据化、场景化等是其落地的前提条件，必须一步步扎实、稳重地推进。

Q191. 网络云中智能运维的典型场景有哪些？

网络云智能运维，聚焦到支撑规划设计、支撑业务、例行运维、故障处理（事前、事中、事后）几大类，典型场景如下。

1. 支撑规划设计

支撑规划设计是指智能容量规划与分析、辅助设计决策。

2．支撑业务

支撑业务包括智能业务开通、智能投诉预测与处理、智能业务感知分析。

3．例行运维

例行运维包括智能巡检与拨测、智慧机房随工／机房环境预警、智能安全监测、混沌智能容灾。

4．故障处理（事前）

故障处理（事前）包括智能预警／隐患挖掘、智能诊断／健康度分析、智能流量分析。

5．故障处理（事中）

故障处理（事中）包括故障智能定位／根因智荐、故障画像／故障自愈、智能运维机器人（ChatOps）。

6．故障处理（事后）

故障处理（事后）包括智能工单处理、智能日志分析、网络云知识图谱。

Q192. 智能手段的实施路线是怎样的？

智能手段的一般实施路线如下。

（1）分析要解决的问题。在很多情况下，运维中的问题并不是一个算法就能解决的，需要采取庖丁解牛的方法，将其分解成一系列子问题。每个子问题都能采用一个 AI 方法或 AI 算法来应对，或者说每个子问题对应一个具体的智能应用场景，以便逐个击破。

（2）针对子问题的具体应用场景，选择适合的机器学习算法，再基于其设计解决该子问题的 AI 算法。

（3）智能手段的研究，通常依赖大量的运维数据，因此必须具备足够多的数据及大数据平台。

（4）解决每个子问题，将其组合、整合为完成的初始问题处理流，选择合适的系统落地。

（5）在实际环境中试运行，不断调整算法、参数，直至取得可接受的结果。

Q193. 智能运维手段需要哪些日常运维数据？

网络云智能运维手段，需要的运维数据通常包括告警数据、工单数据、资源及拓扑数据、性能数据、历史故障数据、硬件版本数据、软件配置数据、日志数据、操作数据、巡检数据、备份数据、拨测数据、应急演练数据等，具体应用场景如表 Q193-1 所示。

表 Q193-1　网络云智能运维应用场景

智能运维应用场景	数据需求
资源类智能应用（核查、拓扑分析、资源关联分析）	资源及拓扑数据、硬件版本数据、软件配置数据、操作数据
智能故障处理	告警数据、工单数据、资源及拓扑数据、性能数据、日志数据、操作数据、巡检数据、拨测数据
智能优化分析	告警数据、工单数据、资源及拓扑数据、性能数据、历史故障数据、日志数据、巡检数据、拨测数据
智能容灾	资源及拓扑数据、备份数据、应急演练数据、操作数据

Q194. 智能手段是如何在故障管理中发挥作用的？

在故障管理场景中，智能手段可以在事前、事中、事后发挥重要作用。

一、事前

通过各类智能隐患挖掘、智能预警手段，如巡检、拨测、健康度分析等，提前发现各类故障。

二、事中

通过智能关联、智能定位、根因智荐、故障画像等手段，快速、准确地定位故障及原因，并通过专家规则、故障自愈等手段进行故障修复。

三、事后

通过智能工单处理等手段自动完成故障闭环管理，并将故障数据纳入知识图谱，构建完整的故障事后分析流程。

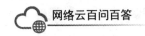

Q195. 面向云的 AI 能力开放平台有哪些?

"九天"人工智能平台是中国移动自主研发的人工智能创新平台,提供从基础设施到核心能力的开放 AI 服务。在基础设施层,提供涵盖国产 AI 芯片在内的高性能算力,纳管 300 余台 GPU 高速服务器、2400 余块 GPU 卡,预置超 150 个(50TB)数据集、30 余种主流算法框架、50 余个预训练模型等,为 AI 模型研发与部署提供一站式服务。在核心能力层,提供视觉、语音、自然语言处理、结构化数据分析、网络智能化等超百种 AI 能力服务,可满足各领域 AI 应用创新需求。面向教育、医疗、工业制造等行业提供一站式解决方案,服务 AI 科研、AI 实训实践、AI 应用研发等场景,赋能产业 AI 创新。

依据中国移动人工智能发展战略,面向全网构建统一 AI 平台,以全网大数据为燃料、以算法为引擎,研究人工智能技术及应用,逐步构筑 AIaaS(AI as a Service)平台,支撑各省份及专业公司打造基于 AI 平台的智慧产品,对内提升公司管理效率,赋能智慧营销。

Q196. 智能运维的挑战与应对方法有哪些?

一、运维数据有待进一步丰富与利用

智能运维必须依赖海量运维数据进行分析,目前大数据平台虽然已具备告警、资源、工单、性能等多种数据,但网络云日常巡检、拨测、备份、日志等数据有所欠缺,并且未纳入大数据平台,无法进行有效关联分析与综合利用,运维数据价值难以体现。如何通过融合运维数据,真正打破数据烟囱,是智能运维第一步要解决的问题。

二、系统拉通难、运维决策难以落地

智能运维的建设往往都在已有 IT 基础上进行,这就要求能够拉通现有 IT 系统,将智能运维决策通过这些系统落地到实际运维过程中,而不是全盘重建。网络云运维支撑系统既包括总部系统,也包括各节点省份内系统,还包括厂家系统及各类自研系统、工具。如何有效拉通、整合这些系统,对智能运维落地形成更强的促进作用,是需要进行有效规划的。

三、AI 算法如何选择

目前，各类 AI 算法应用场景分散，成熟度不一致，通用性差，产品化、工程化困难，大部分场景距离实际应用有一定的距离。如何选择合适的 AI 算法，使之适应网络云智能运维各场景，是后面研究的重点。

四、人员技能欠缺

在运营商内部，传统 CT 人才较多，网络云由于涉及目前较为主流的云计算、虚拟化等 IT 技术，ICT 转型人才比例较高。但是，大数据、AI 算法人才仍然比较匮乏。如何搭建 AIOps 的人才培养体系，如何引导运维人员进行 AIOps 转型，都是后续 AIOps 成败的关键。

面对上述挑战与困难，需要有针对性地制定具体方案、政策与措施，这里简单给出一些供参考的方向。

（1）制定各类运维数据的标准、规范，打造网络云运维大数据。

（2）结合网管架构和中台规范，规划网络云智能运维架构，整合各类支撑系统。

（3）优先选择性价比高、通用性好、成熟的 AI 算法和应用场景。

（4）整理 AIOps 学习路径，制定配套政策，引导运维人员培养 AIOps 技能，关注运维思维的转变；提供低代码和 AI 开发平台，降低应用门槛。

Q197. 如何实现节点省份网络云智能拨测？

网络云资源池智能拨测目前主要有三类：智能存储链路拨测、业务链路拨测、跨节点省份网络拨测。

一、智能存储链路拨测

基于网络云 CMDB，自动建立存储节点与计算节点的关联，通过拨测机器在存储网络平面下发适用于不同场景的数据包，随机检查计算主机组与存储池之间的连通性、时延等指标，从而评估整个存储池的网络健康状态。

二、业务链路拨测

从拨测机器模拟业务访问，通过多种链路协议向目标业务发起数据包，同时

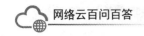

根据 CMDB 拓扑自动计算业务关联链路，对业务的可达性、丢包率、时延等进行综合评估。

三、跨节点省份网络拨测

通过不同节点省份拨测机器，使用 ICMP 协议拨测其他节点省份的关键网络设备，对高时延及断连等异常情况进行检测。

在拨测过程中，智能模拟正常、异常等多种场景，检测在不同网络环境下资源池的运行状况，对拨测历史结果进行关联分析，挖掘各类隐患。

Q198. AI 开放能力的应用场景有哪些？

AI 开放能力可应用于语音技术、图像技术、文字处理技术、人脸与人体识别技术、自然语言处理、视频技术等领域，具体应用如下。

一、语音技术方面

（一）语音识别技术

应用场景：语音输入、语音搜索、人机交互。

（二）语音合成技术

应用场景：阅读听书、资讯播报、订单播报、智能硬件。

（三）远场语音识别

应用场景：机器人语音交互、智能家居。

（四）呼叫中心音频文件转写

应用场景：电话客服质检、电话录音内容分析、电话对话内容还原。

（五）语音唤醒

应用场景：智能硬件唤醒、车载应用唤醒。

二、图像技术方面

（一）通用物体和场景识别

应用场景：图像内容分析与推荐、拍照识图、拍照闯关趣味营销。

（二）特定识别

应用场景：动植物、优化各种识图软件、果蔬、菜品、地标、红酒、货币、快消品（例如，在无人超市的应用，顾客购买了什么、运动轨迹等）。

（三）车辆识别

应用场景：车型识别、拍照识车。

（四）图像搜索

应用场景：相同图像搜索、相似图像搜索、商品图像搜索、绘本图像搜索。

（五）图像审核

应用场景：色情识别、暴恐识别、政治敏感识别、广告检测、恶心图像识别、图像质量检测、图文审核、公众人物识别。

（六）图像增强

应用场景：图像去雾、图像对比度增强、图像无损放大、黑白图像上色、拉伸图像恢复、图像风格转换、图像修复、图像清晰度增强、人像动漫化、天空分割、图像色彩增强。

三、文字处理技术方面

应用场景如下。

1．卡证

身份证识别、银行卡识别、营业执照识别、名片识别、护照识别、港澳通行证识别、户口本识别、出生医学证明识别等。

2．票据

混贴票据识别、银行回单识别、增值税发票识别、定额发票识别、通用机打发票识别、火车票识别、出租车票识别、行程单识别、通用票据识别、银行汇票识别、银行支票识别、保险单识别、彩票识别。

3．其他

文档版面分析与识别、仪器仪表盘读数识别、网络图像文字识别、表格文字识别、数字识别、二维码识别、拍照翻译新品、印章检测、行驶证识别、驾驶证识别、车牌识别、VIN 码识别、机动车销售发票识别、车辆合格证识别。

四、人脸与人体识别方面

应用场景如下。

1. 人脸与人体识别

人脸检测、人脸对比、人脸搜索、活体检测、人体分析、人流量统计、人体检测与属性、3D 肢体关键点、人体关键点识别。

2. 人像特效

人脸融合、人像分割、人像动漫化、人脸属性编辑、人脸关键点、人像渐变、五官分割、人像清晰度增强、人脸 3D 虚拟形象生成。

五、自然语言处理方面

应用场景：语法和词法分析、文本审核（包括政治敏感性、色情、灌水、谩骂）、文本纠错、情感分析、机器翻译。

六、视频技术方面

应用场景：增强现实、美妆试镜、实时动漫、AR 导航、虚拟现实、全景游戏。

第 *11* 章　云原生

Q199. 什么是 K8s、Docker、微服务、DevOps？

K8s 即 Kubernetes，是一个开源的容器集群管理系统，可以实现容器集群的自动化部署、自动扩缩容、维护等功能。K8s 支持自动化部署、大规模可伸缩、应用容器化管理。在 K8s 中，可以创建多个容器，每个容器中运行一个应用实例，然后通过内置的负载均衡策略，实现对这一组应用实例的管理、发现、访问，而这些细节都不需要运维人员进行复杂的手动配置和处理。

Docker 是一个开源的应用容器引擎，开发者可以打包他们的应用及其依赖的一个可移植的容器，并发布到流行的 Linux 机器上，实现虚拟化。Docker 是容器的引擎，通过 Docker 可以启动、关闭、配置、管理 Docker 中运行的容器。

微服务是一种用于构建应用的架构方案，即服务器架构。微服务架构以开发一组小型服务的方式来开发一个独立的应用系统，每个服务都以一个独立进程的方式运行，每个服务与其他服务使用轻量级（通常是 HTTP API）通信机制。这些服务是围绕业务功能构建的，可以通过全自动部署机制独立部署，同时会使用最小规模的集中管理（如 Docker）能力。微服务的主要特点是松耦合、高内聚、接口调用、幂等、异步、水平扩展。采用微服务的系统，各服务之间通过接口以消息的方式相互协作来完成系统功能。由于服务之间松耦合，所以各服务可以相对独立地开发、测试、部署和维护。微服务的组件可以按需独立伸缩，具备容错和故障恢复能力。

DevOps 是指通过开发（Dev）和运维（Ops）的紧密合作，来提高商业价值的工作方式和文化，其是一种重视"软件开发人员（Dev）"和"IT 运维技术人员（Ops）"之间沟通合作的文化、运动或惯例。通过自动化"软件交付"和

"架构变更"的流程，使得构建、测试、发布软件能够更加快捷、频繁、可靠，在软件的开发、测试、部署、运维流程方面，提升了开发效率，降低了沟通成本，加快了部署和上线速度。

Q200. K8s、Docker、微服务、DevOps 之间的关系是什么？

容器作为一种资源形式，通过 K8s 平台对其进行集中运维，使微服务架构能够最终落地，将传统业务微服务化，更符合 DevOps 对业务体量和架构的需求，使业务快速迭代成为可能。所以，Docker 与 K8s 提供资源平台，微服务提供业务架构，最终通过 DevOps 完成从开发到交付的全生命周期管理。

Q201. Kubernetes 包含几个组件？主要功能及交互方式是什么？

Kubernetes 架构和组件如图 Q201-1 所示。

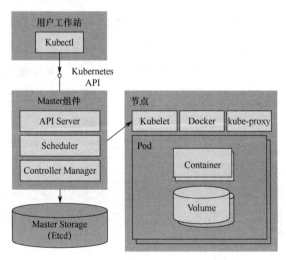

图 Q201-1　Kubernetes 架构和组件

一．Master 组件

（一）API Server

API Server 是 K8s 对外的唯一接口，提供 HTTP/HTTPS RESTful API，即 Kubernetes API。所有的请求都需要经过这个接口进行通信。API Server 主要负责

接收、校验并响应所有的 REST 请求，结果状态被持久存储在 Etcd 中，是所有资源增加、删除、修改、查询的唯一入口。

（二）Etcd

Etcd 负责保存 K8s 集群的配置信息和各种资源的状态信息，当数据发生变化时，Etcd 会快速通知 K8s 相关组件。Etcd 是一个独立的服务组件，并不隶属于 K8s 集群。在生产环境中，Etcd 应该以集群方式运行，以确保服务的可用性。Etcd 不仅用于提供键值数据存储，而且为其提供了监听（Watch）机制，用于监听和推送变更。在 K8s 集群中，Etcd 的键值发生变化会通知 API Server，并由其通过 Watch API 向客户端输出。

（三）Controller Manager

Controller Manager 负责管理集群各种资源，保证资源处于预期状态。Controller Manager 由多种 Controller 组成，包括 Replication Controller、Endpoints Controller、Namespace Controller、Serviceaccounts Controller 等。由控制器完成的主要功能包括生命周期功能和 API 业务逻辑。其中，生命周期功能包括 Namespace 创建和生命周期、Event 垃圾回收、Pod 终止相关的垃圾回收、级联垃圾回收、Node 垃圾回收等；API 业务逻辑包括由 ReplicaSet 执行的 Pod 扩展等。

（四）调度器（Scheduler）

调度器，负责决定将 Pod 放到哪个节点上运行。Scheduler 在调度时会对集群结构进行分析，分析当前各个节点的负载，以及应用对高可用、高性能等方面的需求。

二、节点组件

（一）Kubelet

Kubelet 是节点的 Agent，当 Scheduler 确定在某个节点上运行 Pod 后，会将 Pod 的具体配置信息（Image、Volume 等）发送给该节点的 Kubelet，Kubelet 会根据这些信息创建和运行容器，并向 Master 报告运行状态。

（二）Container Runtime

每个节点都需要提供一个容器运行时（Container Runtime）环境，它负责下载镜像并运行容器。目前，K8s 支持的容器运行时环境至少包括 Docker、RKT、CRI-O、Fraki 等。

（三）Kube-proxy

Service 在逻辑上代表了后端的多个 Pod，外界通过 Service 访问 Pod。Service 在接收到请求后，就需要 Kube-proxy 完成转发到 Pod。每个节点都会运行 Kube-proxy 服务，负责将访问的 Service 的 TCP / UDP 数据流转到后端的容器。如果有多个副本，Kube-proxy 会实现负载均衡[10]，有两种方式——LVS 和 Iptables。

创建 Pod 交互流程如图 Q201-2 所示，基本流程如下。

（1）用户提交创建 Pod 的请求，可以通过 API Server 的 RESTful API，也可以用 Kubectl 命令行工具，支持 JSON 和 YAML 两种格式[11]。

（2）API Server 处理用户请求，存储 Pod 数据到 Etcd[11]。

（3）Scheduler 通过和 API Server 的 Watch 机制，查看到新的 Pod，尝试为 Pod 绑定节点。[11]

（4）过滤主机：调度器用一组规则过滤掉不符合要求的主机，例如，Pod 指定了所需要的资源，那么就要过滤掉资源不够的主机[11]。

（5）主机打分：对第一步筛选出的符合要求的主机进行打分，在主机打分阶段，调度器会考虑一些整体优化策略。例如，把一个 Replication Controller 的副本分布到不同的主机上，使用最低负载的主机，等等[11]。

（6）选择主机：选择打分最高的主机，进行 binding 操作，结果存储到 Etcd 中。

（7）Kubelet 根据调度结果执行 Pod 创建操作：绑定成功后，会启动 Container，Docker Run、Scheduler 会调用 API Server 的 API 在 Etcd 中创建一个 Bound Pod 对象，描述在一个工作节点上绑定运行的所有 Pod 信息。运行在每个工作节点上的 Kubelet 会定期与 Etcd 同步 Bound Pod 对象，一旦发现应该在该工作节点上运行的 Bound Pod 对象没有更新，则调用 Docker API 创建并启动 Pod 内的容器[11]。

三、Kubernetes 包含的主要组件及功能

（一）Kube-apiserver

Kube-apiserver 主要负责集群各功能模块之间的通信。集群各功能模块通过 Kube-apiserver 将信息存入分布式文件系统 Etcd，与其他节点进行信息交互。

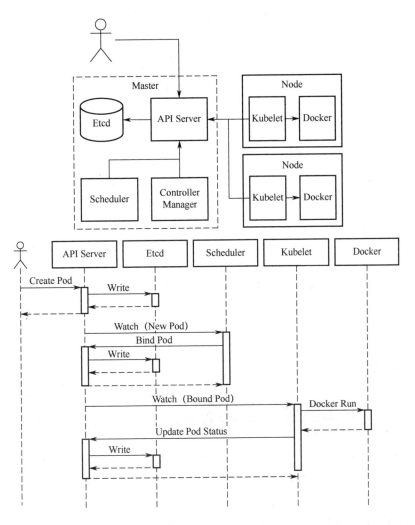

图 Q201-2　创建 Pod 交互流程

（二）Etcd

Etcd 是兼具一致性、高可用性的键值数据库，可以作为保存 Kubernetes 所有集群数据的后台数据库。

（三）Scheduler

Scheduler 负责集群资源调度，跟踪集群中所有节点的资源利用情况，对新创建的 Pod 采取合适的调度策略，均衡调度到合适的节点上。

（四）Controller Manager

Controller Manager 主要负责集群的故障检测和故障恢复的自动化。

（五）Kubelet

Kubelet 通过 Kube-apiserver 注册节点自身信息，用于 Master 节点发现节点，它会定期从 Etcd 获取分配到本机的 Pod，根据 Pod 信息启动或停止相应的容器，并定期向 Master 节点汇报节点资源的使用情况，内部集成 cAdvise 来监控容器和节点资源。

（六）Kube-proxy

Kube-proxy 负责为 Pod 提供代理。Kube-proxy 会定期从 Etcd 获取所有的 Service，并根据 Service 信息创建代理。当某个客户 Pod 要访问其他 Pod 时，访问请求会经过本机 Kube-proxy 进行转发。

（七）Container Runtime

Container Runtime 是负责运行容器的软件。

Q202. Kubernetes 调度器是什么？其调度流程有哪些步骤？

调度器（Scheduler）即资源调度器，负责决定将 Pod 放到某个节点上运行。Scheduler 在调度时会对集群的结构进行分析，分析当前各个节点的负载，以及应用对高可用、高性能等方面的需求。

当 Scheduler 通过 API Server 的 Watch 接口监听到新建 Pod 副本的信息后，它会检查所有符合该 Pod 要求的节点列表，开始执行 Pod 调度逻辑。调度成功后，将 Pod 绑定到目标节点上。Scheduler 在整个系统中承担了承上启下的作用，承上是指负责接收创建的新 Pod，安排一个落脚的地（节点）；启下是指安置工作完成后，目标节点上的 Kubelet 服务进程接管后继工作，负责 Pod 全生命周期的后半生。具体来说，Scheduler 的作用是将待调度的 Pod 安装特定的调度算法和调度策略，并绑定到集群中的某个合适的节点上，将绑定信息传给 API Server 写入 Etcd。整个调度过程涉及三个对象，分别是待调度的 Pod 列表、可用的节点列表、调度算法和策略。

Kubernetes Scheduler 提供的调度流程分为三步（见图 Q202-1）。

（1）预选策略（Predicate）：遍历节点列表，选择出符合要求的候选节点，Kubernetes 内置了多种预选规则供用户选择。

（2）优选策略（Priority）：在选择出符合要求的候选节点中，采用优选规则计算出每个节点的分值，最后选择得分最高的节点。

（3）选定（Select）：如果最高得分有好几个节点，Select 就会从中随机选择一个节点。

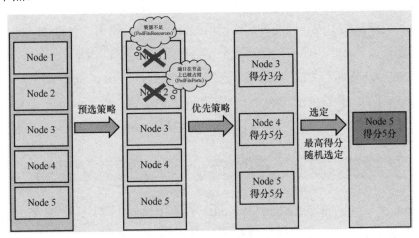

图 Q202-1　Kubernetes Scheduler 提供的调度流程

Kubernetes 调度器是指将 Pod 放置到合适的节点上，然后对应节点上的 Kubelet 才能运行这些 Pod。Kubernetes Scheduler 给一个 Pod 做调度选择包含两个步骤。

1．过滤

过滤阶段会将所有满足 Pod 调度需求的节点选出来。例如，PodFitsResources 过滤函数会检查候选节点的可用资源能否满足 Pod 的资源请求。在过滤之后，得出一个节点列表，里面包含了所有可调度节点；在通常情况下，这个节点列表包含不止一个节点。如果这个节点列表是空的，则代表这个 Pod 不可调度。

2．打分

在打分阶段，调度器会为 Pod 从所有可调度节点中选取一个最合适的节点。根据当前启用的打分规则，调度器会给每个可调度节点打分。

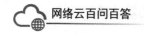

最后，Kubernetes Scheduler 会将 Pod 调度到得分最高的节点上。如果存在多个得分最高的节点，Kubernetes Scheduler 会从中随机选取一个节点。

Q203. Kubernetes 如何实现 Request 和 Limit?

Kubernetes 允许管理员在命名空间中指定资源 Request 和 Limit，这种特性对于资源管理限制非常有用。

Kubernetes 会根据 Request 的值查找有足够资源的节点来调度此 Pod；Limit 则对应其资源量的上限，即最多允许使用的资源量。若待调度 Pod 的 Request 值的总和超过该节点提供的空闲资源，则不会被调度到该节点上。

在 Cgroup 里面与 CPU 相关的子系统有 cpusets、cpuacct 和 cpu。

目前，CPU 支持设置 Request 的值和 Limit 的值，Request.cpu 会被转换成 Docker 的--cpu-shares 参数，Limits.cpu 会被转换成 Docker 的--cpu-quota 参数。

Q204. Replica Set 和 Replication Controller 的区别是什么?

Replica Set 和 Replication Controller 没有本质的不同，只是名字不一样，Replica Set 被认为是"升级版"的 Replication Controller。

Replica Set 和 Replication Controller 都可以确保在任何给定时间运行指定数量的 Pod 副本；不同之处在于复制 Pod 使用的选择器。Replica Set 使用基于集合的选择器；Replication Controller 使用基于权限的选择器，其运行方式如图 Q204-1 所示。

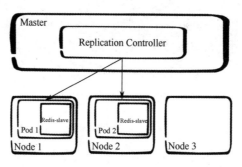

图 Q204-1　Replication Controller 的运行方式

Q205. EmptyDir 和 HostPath 在功能上有哪些异同?

EmptyDir 和 HostPath 都是节点的本地存储卷方式，HostPath 存储卷方式如图 Q205-1 所示。

EmptyDir 可以选择把数据存储到 Tmpfs 类型的本地文件系统中去，HostPath 并不支持这一点。

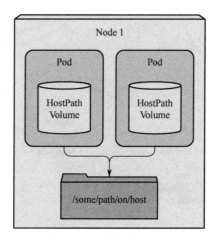

图 Q205-1　HostPath 存储卷方式

HostPath 除了支持挂载目录，还支持 File、Socket、CharDevice 和 BlockDevice，既支持把已有的文件和目录挂载到容器中，也提供了"如果文件或目录不存在，就创建一个"的功能。

EmptyDir 是临时存储空间，完全不提供持久化支持；HostPath 的卷数据持久化存储在节点的文件系统中，即便 Pod 已经被删除了，Volume 卷中的数据还会留存在节点上。

Q206. Docker 容器有几种状态?

Docker 作为应用容器中最引人瞩目的实现方式，在近几年得到了飞速发展，大有成为应用容器事实标准的趋势，国内外不少企业已经将其应用到生产系统中。

Docker 容器的状态有运行（Start）、已停止（Kill）、重新启动（Restart）、已退出（Die）四种。容器不同状态间的转换关系如图 Q206-1 所示。

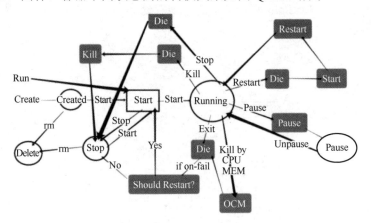

图 Q206-1　容器不同状态间的转换关系

Q207. Docker 存储类型有哪些?

Docker 存储类型有 Overlay FS、AUFS（Another Union File System，联合文件系统）、Device Mapper、BTRFS、ZFS（Zettabyte File System，动态文件系统）等。

一、Overlay FS

Overlay FS 是 Linux 内核 3.18 后支持的，是一种 Union FS。和 AUFS 的多层文件系统不同的是，Overlay FS 只有两层：一个 Upper 文件系统和一个 Lower 文件系统，分别代表 Docker 的镜像层和容器层。当需要修改一个文件时，使用 CoW 将文件从只读的 Lower 文件系统复制到可写的 Upper 文件系统进行修改，结果也保存在 Upper 文件系统中。在 Docker 中，只读层就是 Image，可写层就是 Container。Overlay FS 存储类型架构如图 Q207-1 所示。

二、AUFS

AUFS 是一种 Union FS，是文件级的存储驱动。AUFS 能透明覆盖一个或多个现有文件系统的层状文件系统，把多层合并成文件系统的单层表示，简单来说就是支持将不同目录挂载到同一个虚拟文件系统下的文件系统。这种文件系统可以一层一层地叠加修改文件。无论底下有多少层都是只读的，只有最上层的文件系统是可写的。当需要修改一个文件时，AUFS 创建该文件的一个副本，使用 CoW 将文件从只读层复制到可写层进行修改，结果也保存在可写层。在 Docker 中，底下的只读层就是 Image，可写层就是 Container。

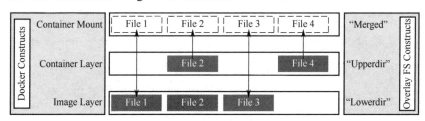

图 Q207-1　Overlay FS 存储类型架构

三、Device Mapper

Device Mapper 是 Linux 内核 2.6.9 后支持的、提供的一种从逻辑设备到物理设备的映射框架机制。在该映射框架机制下，用户可以很方便地根据自己的需要制定实现存储资源的管理策略。前面讲的 AUFS 和 Overlay FS 都是文件级存储；而 Device Mapper 是块级存储，所有的操作都是直接对块进行操作，而不是对文件进行操作。Device Mapper 驱动会先在块设备上创建一个资源池，然后在资源池上创建一个带有文件系统的基本设备，所有镜像都是这个基本设备的快照，而容器则是镜像的快照。所以，在容器里看到的文件系统是资源池上基本设备的文件系统的快照，并不为容器分配空间。当要写入一个新文件时，在容器的镜像内为其分配新的块并写入数据，这叫作用时分配。当要修改已有文件时，再使用 CoW 为容器快照分配块空间，将要修改的数据复制到在容器快照中新的块空间再进行修改。Device Mapper 驱动默认会创建一个 100GB 的文件包含镜像和容器。每个容器被限制在 10GB 大小的卷内，可以自己配置调整。

四、BTRFS

BTRFS 被称为下一代写时复制文件系统，并入 Linux 内核，也是文件级存储驱动，但可以像 Device Mapper 直接操作底层设备。BTRFS 把文件系统的一部分配置为一个完整的子文件系统，称为 Subvolume。采用 Subvolume，一个大的文件系统可以被划分为多个子文件系统，这些子文件系统共享底层设备空间，在需要磁盘空间时便从底层设备空间中分配，类似应用程序调用 Malloc( )分配内存一样。为了灵活利用设备空间，BTRFS 将磁盘空间划分为多个 chunk，每个 chunk 可以使用不同的磁盘空间分配策略。例如，某些 chunk 只存放数据，某些 chunk 只存放 metadata。这种模型有很多优点，比如 BTRFS 支持动态添加设备。用户在系统中添加新的磁盘之后，可以使用 BTRFS 的命令将该设备添加到文件系统中。BTRFS 将一个大的文件系统当成一个资源池，配置成多个完整的子文件系统，还可以往资源池里添加新的子文件系统，而基础镜像是子文件系统的快照，每个子镜像和容器都有自己的快照，这些快照则都是 Subvolume 的快照。

五、ZFS

ZFS 是一种革命性的全新的文件系统，它从根本上改变了文件系统的管理方式。ZFS 完全抛弃了"卷管理"，不再创建虚拟的卷，而是把所有设备集中到一个存储池中进行管理，用"存储池"的概念来管理物理存储空间。过去，文件系统都是构建在物理设备之上的。为了管理这些物理设备，并为数据提供冗余，"卷管理"的概念提供了一个单设备的映像。另外，ZFS 创建在虚拟的、被称为"Zpools"的存储池之上。每个存储池由若干台虚拟设备（Virtual Devices，Vdevs）组成。这些虚拟设备可能是原始磁盘，也可能是一个 RAID1 镜像设备，或者是非标准 RAID 等级的多磁盘组。于是，Zpools 上的文件系统可以使用这些虚拟设备的总存储容量。

Q208. Docker 有哪些优势？

一、更高效的系统资源利用

Docker 比虚拟化更轻量级，对系统资源的利用率更高。相比虚拟机技术，Docker 对资源的消耗小很多，一个相同配置的主机往往可以运行更多数量的应用。

二、更短的启动时间

传统的虚拟机技术启动应用服务往往需要数分钟，而 Docker 通过创建进程的容器，无须启动完整的操作系统，因此可以做到秒级，大大节约应用部署的时间。

三、持续交付和部署

Docker 确保了从开发到生产环境的一致性。Docker 容器的配置是为了从内部维护配置和依赖项，从开发到生产流程中可使用同一个容器来确保没有差异或手动干预，从而实现持续交付和部署。

四、兼容性和可维护性

Docker 能够彻底地消除"它能在我的机器上工作"的问题，实现"Build once, run anywhere, configure once, run anything"。兼容性意味着同一镜像无论在哪台主机上都是一样的，意味着在配置环境、调试环境特定问题，以及在更加方便且易于设置的代码库上花费的时间更短，也意味着生产基础设置更加可靠且更易维护。

Q209. 微服务有哪些优点？

相比单体架构，微服务架构有以下优点。

1．交付速度快

产品更新速度越快，用户体验越好；代码规模越大，微服务的优势越明显。服务拆分为微服务后，各个服务可以独立并行开发、测试、部署，交付效率提升。

2．故障隔离范围更小

服务独立运行，通过进程的方式隔离，使故障范围得到有效控制，使架构变得更简单、更可靠。

3．整体可用性更高

微服务架构由于故障范围得到有效隔离，整体可用性更高，降低了单点故障对整体的影响。

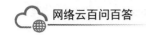

4. 架构持续演进简单

由于微服务的粒度更小，架构演进的影响面就更小，不存在大规模重构导致的各种问题。微服务架构对架构演进更友好。

5. 技术栈选择灵活

如果某个业务需要独立的技术栈，可以通过服务划分、接口集成方式实现。

6. 可扩展性灵活

如果某个业务需要独立的技术栈，可以通过服务划分、接口集成方式实现立方体中的 Y 轴扩展。

7. 可重用性高

微服务架构可以实现以服务为粒度，通过接口共享重用。

8. 产品创新复杂度低

微服务架构以服务为粒度独立演进，团队有更多的自主决策权，也有更多的试错机会，更利于服务创新[12]。

Q210. 微服务 RPC 协议框架是什么？

远程过程调用（Remote Procedure Call，RPC）协议的一个通俗描述是：客户端在不知道调用细节的情况下，调用存在于远程计算机上的某个对象，就像调用本地应用程序中的对象一样。在大家熟知的中间件中都有 RPC 协议的身影，例如，Nginx、Redis、MySQL 重量级开源产品都是在 RPC 协议的基础上构建起来的。

随着公司规模的扩大及业务量的激增，单体应用逐步演化为服务 / 微服务架构模式，服务之间大多采用 RPC 协议进行调用，或者采用消息队列方式进行解耦。几乎每家企业都会创建自己的 RPC 协议框架，或者基于知名的 RPC 协议框架进行改造。

目前，RPC 协议框架主要沿着两条路线发展。

1. 和某种特定语言平台绑定

（1）Dubbo：国内最早开源的 RPC 协议框架，由阿里巴巴开发，并于 2011年年末对外开源，仅支持 Java 语言。

（2）Motan：微博内部使用的 RPC 协议框架，2016 年对外开源，仅支持 Java 语言。

（3）Tars：腾讯内部使用的 RPC 协议框架，2017 年对外开源，仅支持 C++ 语言。

（4）Spring Cloud：Pivotal 公司于 2014 年对外开源的 RPC 协议框架，仅支持 Java 语言。

2. 与语言无关，即跨语言平台

（1）gRPC：Google 于 2015 年对外开源的跨语言 RPC 协议框架，支持多种语言。

（2）Thrift：最初是由 Facebook 开发的内部系统跨语言的 RPC 协议框架，2007 年贡献给 Apache 基金，成为 Apache 开源项目之一，支持多种语言。

如果业务场景仅局限于一种语言，则可以选择与语言绑定的 RPC 协议框架中的一种；如果业务场景涉及多个语言平台之间的相互调用，则建议选择跨语言平台的 RPC 协议框架。

Q211. DevOps 是指什么？

一、什么是 DevOps？

DevOps 来源于 Development 和 Operations 的组合，即研发运营一体化。它是一组过程、方法和系统的统称，用于促进应用系统或软件的开发、技术运营和质量保障部门之间的沟通、协作、整合。它特别强调"软件开发人员（Dev）"和"IT 运维技术人员（Ops）"之间的沟通合作，通过自动化"软件交付"和"架构变更"流程，使构建、测试、发布软件能够更加快捷、频繁、可靠[13]。这种速度使组织能够更好地服务其客户，并在市场上更高效地参与竞争。不同软件开发模型如图 Q211-1 所示。

二、DevOps 的工作原理

在 DevOps 模式下，开发团队和运营团队都不再是"孤立"的团队。有时，这两个团队会合为一个团队，他们的工程师会在应用程序的整个生命周期（从开发测试到部署再到运营）内相互协作，开发出一系列不限于单一职能的技能，如图 Q211-2 所示。

DevOps 在云计算数据中心软件代码的开发和运维中有广泛应用，通过基于版本控制标准的自动化管理来处理整个软件开发生命周期。采用 DevOps，可以带来更高的交付质量、更快的响应，提高发布的频率，从而满足快速变化的市场需求。另外，DevOps 也有利于改善公司文化，加强内部沟通，促进人员转型，而这些正是 5G 时代运营商所需要的。

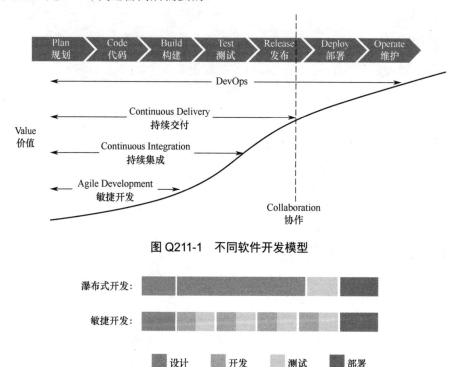

图 Q211-1　不同软件开发模型

图 Q211-2　瀑布式开发、敏捷开发示意

Q212. DevOps 有哪些优势？

一、DevOps 的优势

（一）高速运转

DevOps 可以更快速地针对客户进行创新，更好地适应不断变化的市场，同时更有效地推动业务成果落地。DevOps 模式能够帮助开发人员和运营团队实现这些目标。例如，微服务和持续交付能够让团队充分掌控服务，然后更快速地发布更新。

（二）提高发布的频率和速度

DevOps 能够更快速地进行创新并完善产品。产品发布新功能和修复错误的速度越快，越能快速地响应客户需求并建立竞争优势。持续集成和持续交付是自动执行软件发布流程（从构建到部署）的两项实践经验。

（三）确保应用程序更新和基础设施变更的品质

DevOps 能够在保持最终用户优质体验的同时，更加快速、可靠地进行交付。使用持续集成和持续交付等实践经验来测试每次变更是否安全，以及是否能够正常运行。监控和日志记录实践经验能够帮助用户实时了解当前的性能。

（四）大规模运行和管理基础设施及开发流程

DevOps 的自动化和一致性可在降低风险的同时，帮助用户有效管理复杂或不断变化的系统。例如，基础设施即代码能够帮助用户以一种可重复且更有效的方式管理部署、测试和生产环境。

二、DevOps 为什么很重要？

软件和网络改变了我们身处的世界，同时改变了购物、娱乐、银行等行业的运营方式。软件不仅为业务提供支持，而且成为业务方方面面都不可或缺的组成部分。当前，企业通过采用在线服务或应用程序交付的软件，在各种设备上与客户进行互动，还使用软件改变了价值链的各个部分（如物流、通信和运营），从而提高运营效率。在整个 20 世纪，生产实体产品的企业通过工业自动化改变了其设计、构建和交付产品的方式，而在当今环境下，企业必须以同样的方式改变其构建和交付软件的方式。

Q213. DevOps 的关键组件是什么？

DevOps 有三大关键组件：持续集成、持续测试、持续交付。

一、持续集成

持续集成强调开发人员提交新代码后，立刻进行构建、（单元）测试。根据测试结果，可以确定新代码和原有代码是否正确集成在一起。软件持续集成流程如图 Q213-1 所示。

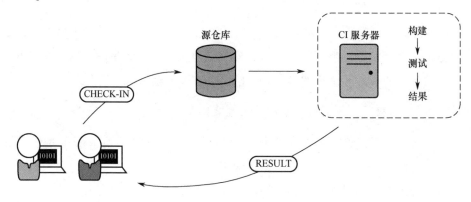

图 Q213-1　软件持续集成流程

二、持续测试

在 DevOps 过程中，持续测试提供了持续的反馈机制，在整个产品交付管道中充当催化剂。软件持续测试流程如图 Q213-2 所示。每个阶段的自动反馈确保缺陷在开发过程早期就能被解决。

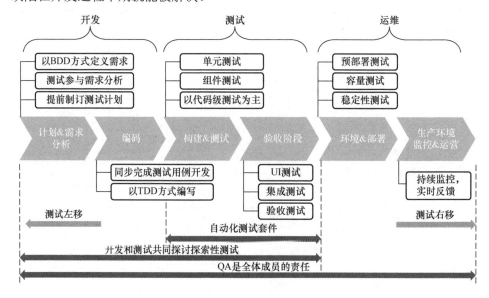

图 Q213-2　软件持续测试流程

三、持续交付

持续交付意味着程序员每次在对代码进行更改、集成和构建时，也会在与生产环境非常相似的状态下进行自动代码测试。这一系列"部署—测试"到不同环境的操作被称为部署流水线。软件持续交付流程如图 Q213-3 所示。通常来说，部署流水线有一个开发环境、一个测试环境，还有一个准生产环境，但是这些阶段因团队、产品和组织各异。

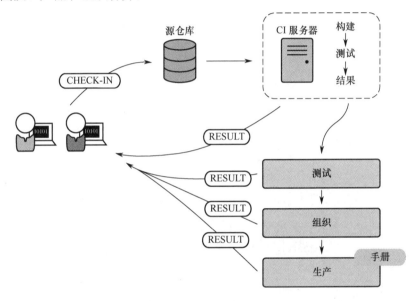

图 Q213-3　软件持续交付流程

Q214. DevOps 常用工具有哪些？

一、Docker

Docker 是最重要的 DevOps 工具之一。Docker 在科技界掀起了容器化潮流，主要是因为它让分布式开发成为可能，并且自动化了应用程序的部署。它将应用程序隔离成单独的容器，因此应用变得更加便携、更加安全。

二、Git

Git 是最流行的 DevOps 工具之一，在软件界应用广泛。它是一种分布式 SCM（源码管理）工具，远程团队和开源贡献者都很喜欢它。Git 让用户可以跟踪自己开发工作的进度，用户可以保存自己源码的不同版本，并且在需要的时候切换回之前的版本。它也很适合做试验，因为它可以创建单独的分支，在需要的时候仅合并新特性。

三、Jenkins

Jenkins 是很多软件开发团队在走向 DevOps 时所使用的自动化工具。它是开源的 CI/CD 服务器，帮助用户自动化交付流水线的不同阶段。Jenkins 流行的主要原因是其巨大的插件生态系统。

四、Puppet

Puppet 是一个跨平台的配置管理平台。它让用户可以将基础架构当作代码来管理。Puppet 自动化了基础架构管理，用户可以更快、更安全地交付软件。Puppet 还给开发人员提供了小型项目可以使用的开源工具。

五、Nagios

Nagios 是最流行的免费的、开源的 DevOps 监控工具。它可以监控基础架构，从而帮助用户发现并解决问题。通过 Nagios，用户可以记录事件、运行中断及故障。用户还可以通过 Nagios 的图表和报告监控趋势。

附 录 专业名词缩略语及中英文对照

英文缩写	英文全称	中文含义
UPS	Uninterruptible Power Supply	不间断电源
PDU	Power Distribution Unit	电源分配单元
LBS	Load Bus Synchronization	负载同步系统
STS	Static Transfer Switch	静态转换开关
Leaf-Spine	Leaf-Spine Network Topology	叶脊网络架构
Overlay	Overlay Network	叠加网络
VLAN	Virtual Local Area Network	虚拟局域网
VxLAN	Virtual eXtensible Local Area Network	虚拟可扩展局域网
vSwitch	Virtual Switch	虚拟交换机
IETF	The Internet Engineering Task Force	技术标准化组织名称
TOR	Top of Rank	接入交换机
EOR	End of Row	核心交换机
VNF	Virtualization Network Function	虚拟化网络功能
SDN	Software Defined Networking	软件定义网络
NFV	Network Functions Virtualization	网络功能虚拟化
ETSI	European Telecommunications Standards Institute	欧洲电信标准化协会
API	Application Programming Interface	应用程序编程接口
WAF	Web Application Firewall	Web 应用防护系统
M-LAG	Multichassis Link Aggregation Group	跨设备链路聚合组
OSPF	Open Shortest Path First	开放最短路径优先
MC-LAG	Multi-Chassis Link Aggregation Group	多机箱链路聚合
VPC	Virtual Private Cloud	虚拟私有云
NFVI	Network Function Virtualization Infrastructure	网络功能虚拟化基础设施
MANO	Management and Orchestration	管理和协调
NFVO	Network Function Virtualization Orchestrator	网络功能虚拟化协调器
VNFM	Virtualized Network Function Manager	虚拟化网络功能管理器
VNFD	Virtualized Network Function Descriptor	虚拟化网络功能描述符
REST	Representational State Transfer	表征状态转移
KVM	Kernel-Based Virtual Machine	KVM 虚拟机

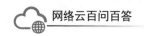

英文缩写	英文全称	中文含义
CISC	Complex Instruction Set Computer	复杂指令集计算机
ILP	Instruction-Level Parallelism	指令级并行编译
RISC	Reduced Instruction Set Computer	精简指令集
CE	Customer Edge	用户网络边缘设备
ECC	Error Checking and Correcting	内存错误检查与纠正
RDIMM	Register DIMM（Dual Ln-Line Memory Module）	带寄存器的内存
UDIMM	Unbuffered DIMM（Dual In-line Memory Module）	无缓冲内存
LRDIMM	Load Reduced DIMM	低负载双列直插内存模块
CRC	Cyclic Redundancy Check	循环冗余校验
BMC	Baseboard Management Controller	基板管理控制器
SCSI	Small Computer System Interface	小型计算机接口
iSCSI	Internet Small Computer System Interface	互联网小型计算机接口
TCP	Transmission Control Protocol	传输控制协议
SAN	Storage Area Network and SAN Protocols	存储区域网络和协议
HDD	Hard Disk Driver	硬盘驱动器
SSD	Solid State Disk	固态硬盘
EC	Erasure Coding	纠删码
QEMU	Quick Emulator	虚拟操作系统模拟器
VFS	Virtual File System	虚拟文件系统
EPC	Evolved Packet Core	4G 分组核心网
DMZ	Demilitarized Zone	非军事化区：网络隔离区域
DDoS 攻击	Distributed Denial of Service Attack	分布式拒绝服务攻击
CMNET	China Mobile Network	中国移动互联网
IPS	Intrusion Prevention System	入侵防御系统
SDNC	Sofware Define Network-Controller	SDN 控制器
VPN	Virtual Private Network	虚拟专用网
IDS	Instruction Detection System	入侵检测系统
VRF	Virtual Routing and Forwarding	虚拟路由和转发
SQL	Structured Query Language	结构化查询语言
RDBMS	Relational Database Management System	关系数据库管理系统
LVS	Linux Virtual Server	Linux 虚拟服务器
NSD	Network Service Descriptor	网络服务描述符
VTEP	VxLAN Tunnel Endpoints	VxLAN 隧道端点

续表

英文缩写	英文全称	中文含义
VNI	VxLAN Network Identifier	VxLAN 网络标识符
BD	Bridge Domain	桥域
EVPN	Ethernet Virtual Private Network	以太网虚拟专用网
OVSDB	Open vSwitch Database	开源虚拟交换机数据库
SNMP	Simple Network Management Protocol	简单网络管理协议
IPU	Infrastructure Processing Unit	基础设施处理器
JSON	JavaScript Object Notation	JS 对象简谱
OMC	Operation and Maintenance Center	网元管理器
VIM	Virtualized Infrastructure Manager	虚拟化基础设施管理器
PIM	Physical Infrastructure Manager	物理资源管理器
DHCP	Dynamic Host Configuration Protocol	动态主机配置协议
HA	Host Aggregate	主机集群
NS	Network Service	网络服务
CMDB	Configuration Management Database	配置管理数据库
ATCA	Advanced Telecom Computing Architecture	先进的电信计算平台
SAEGW	System Architecture Evolution GateWay	系统架构演进网关
RCS	Rich Communication Suite	融合通信
eMBB	Enhanced Mobile Broadband	增强移动宽带
uRLLC	Ultra Reliable Low Latency Communications	高可靠性、低时延连接
mMTC	Massive Machine Type Communication	海量物联网
SBA	Service-Based Architecture	基于服务的网络架构
NFS	Network File System	网络文件系统
AIOps	Artificial Intelligence for IT Operations	智能运维
SVM	Support Vector Machine	支持向量机
DoS	Denial of Service Attack	拒绝服务攻击
OSS	Operation Support System	运营支撑系统
RNN	Recurrent Neural Network	循环神经网络
RPC	Remote Procedure Call Protocol	远程过程调用协议
AUFS	Another Union File System	联合文件系统
ZFS	Zettabyte File System	动态文件系统
Vdevs	Virtual Devices	虚拟设备

参 考 文 献

[1] 沈蕾，王芳，吴丽华. NFV 硬件资源池规划建设重点[J]. 电信科学，2018，34（6）：8.

[2] 吴祎. 业务支撑机房规划思路探讨[J]. 邮电设计技术，2010（12）：4.

[3] 刘星星，朱林，谢昆. 3N 架构 UPS 在数据中心供电系统中的应用[J]. 信息通信，2018
（8）：2.

[4] 田雯，马华伟，余瀚，武振宇. 电信运营商公有云平台安全解决方案研究[J]. 电信工程技
术与标准化，2021（9）：45-51.

[5] 齐旻鹏，粟栗，彭晋. 5G 网间互联互通安全机制研究[J]. 移动通信，2019，43（10）：6.

[6] 谢淑琳. 基于 NFV 的网元生命周期管理的研究与实现[D]. 北京：北京交通大学，2021.

[7] 李哲. 电信云助力通信运营商网络升级转型[J]. 通信世界，2019（18）：2.

[8] 周志华. 机器学习[M]. 北京：清华大学出版社，2016.

[9] 周乘. 基于轨迹数据的高校用户相似性研究及应用[D]. 武汉：华中科技大学，2019.

[10] 徐志平. 容器云平台 Kubernetes 集群管理系统的设计与实现[D]. 南京：南京大学，2020.

[11] 韩增宝. 基于 Docker 的盾构监控系统的容器集群管理研究[D]. 西安：西安电子科技
大学，2020.

[12] 王启军. 持续演进的 Cloud Native：云原生架构下微服务最佳实践[M]. 北京：电子工业出
版社，2018.

[13] 牛晓玲，吴蕾. DevOps 发展现状研究[J]. 电信网技术，2017（10）：4.